W0204912

Dr. Volker Teichert

Umweltmanagement nach ISO 14001:2015

Die Revision: Änderungen, Auswirkungen, Umsetzung

WEKA PRAXISLÖSUNGEN

Dr. Volker Teichert

Umweltmanagement nach ISO 14001:2015

Die Revision: Änderungen, Auswirkungen, Umsetzung

- Die wichtigsten Änderungen durch Gegenüberstellung erfassen
- Auswirkungen für Ihr Unternehmen prüfen
- Neue Prozesse, Tätigkeiten und Maßnahmen umsetzen

IMPRESSUM

Bibliografische Information der Deutschen Nationalbibliothek
Die Deutsche Nationalbibliothek verzeichnet diese Publikation in der Deutschen Nationalbibliografie; detaillierte bibliografische Daten sind im Internet über http://dnb.d-nb.de abrufbar.

WEKA MEDIA GmbH & Co. KG
Sitz in Kissing
Registergericht Augsburg
HRA 13940

Persönlich haftende Gesellschafterin:
WEKA MEDIA Beteiligungs-GmbH
Sitz in Kissing
Registergericht Augsburg
HRB 23695
Geschäftsführer: Stephan Behrens, Michael Bruns, Werner Pehland

WEKA MEDIA GmbH & Co. KG
Römerstraße 4, D-86438 Kissing
Fon 0 82 33.23-40 00
Fax 0 82 33.23-74 00
service@weka.de
www.weka.de

Umschlag geschützt als Geschmacksmuster der
WEKA MEDIA GmbH & Co. KG
Satz: WEKA MEDIA GmbH & Co. KG
Druck: Elanders Germany GmbH, D-71332 Waiblingen
Printed in Germany 2016

ISBN 978-3-8111-3611-3

Inhaltsverzeichnis

Vorwort

Im November 2015 wurde die überarbeitete Version der DIN EN ISO 14001 verabschiedet. Die Norm beinhaltet eine vollständig neue Struktur, die sogenannte High Level Structure (HLS), die auch die Basis für andere Managementsystemnormen, wie z.B. die DIN ISO 45001:2016, darstellt. All diese Managementnormen verfügen somit über eine gleiche festgelegte Abfolge, die sich in den gemeinsamen Überschriften der Hauptkapitel 1 bis 10 widerspiegelt. Ebenso sind einzelne Textpassagen sowohl in den Haupt- als auch den Unterkapiteln gleichlautend. Für alle Managementsysteme liegen zudem gemeinsame Begriffe und Definitionen vor. Mit dieser neuen Version haben Sie die Möglichkeit, Ihre verschiedenen Managementsysteme – die unter Umständen zurzeit noch getrennt nebeneinander existieren – zu verbinden, indem Sie ein integriertes Managementsystem aufbauen. Ein weiterer Vorteil der HLS besteht darin, die verschiedenen Managementnormen für alle möglichen Organisationsformen und unabhängig von Branche und Sektor flexibel einzusetzen.

Des Weiteren müssen Sie mit der DIN EN ISO 14001:2015 erstmals Ihre Produkte über den gesamten Lebenszyklus betrachten, ein Faktum, das so erstmalig nicht nur die Produktion vor Ort, sondern auch die verschiedenen Stufen zur Entwicklung von Produkten unter Beachtung der Herkunft der Rohstoffe (Supply Chain) in den Fokus der Betrachtung nimmt. Letztlich geht es um die Untersuchung und Analyse Ihrer Produkte von der „Wiege bis zur Bahre" („cradle-to-grave") oder sogar von der „Wiege bis zur Rückführung Ihres Produkts in den erneuten Kreislauf" („cradle-to-cradle").

Neu ist ebenfalls die Aufnahme des Begriffs der Nachhaltigkeit in die Managementnorm. *„Dies hat Organisationen dazu gebracht, einem systematischen Ansatz beim Umweltmanagement zu folgen, mit dem Ziel, durch die Verwirklichung von Umweltmanagementsystemen einen Beitrag zur ökologischen Säule der Nachhaltigkeit zu leisten." (DIN EN ISO 14001:2015, S. 8)*

Neben der neuen Struktur verlangt die Revision auch neue Anforderungen an Ihr Umweltmanagementsystem, die für Sie als

Anwender der alten Norm erfordern, Ihr bestehendes Managementsystem auf die neue Praxis hin abzugleichen. Beispielhaft seien hier nur kursorisch ein paar zentrale Aspekte genannt: Die Erwartungen der interessierten Parteien sind von Ihnen zu ermitteln. Ihre möglichen Risiken und Chancen sollten Sie bestimmen, indem Sie das Markt- und Produktumfeld Ihrer Kunden berücksichtigen. Last, but not least werden Ihnen als oberster Leitung mehr und vielfältigere Aufgaben übertragen. Sie haben daher zu entscheiden, ob Sie diese selbst übernehmen oder sie an eine Person in Ihrer Organisation übergeben wollen.

Mit der vorliegenden Publikation möchte ich Ihnen die wesentlichen Änderungen der aktuellen Revision der DIN EN ISO 14001:2015 aufzeigen. Die Vorgehensweise war dabei wie folgt: Zunächst einmal wird unter der Überschrift „Was steht in der Norm?" jeweils für die einzelnen Kapitel und Abschnitte der Norm deren wichtigster Inhalt wiedergegeben. Daran anschließend wird Ihnen aufgezeigt, was das für Ihre Organisation bedeutet („Was ist von Ihrer Organisation zu tun?"). In einem dritten Teil wird Ihnen an unterschiedlichen Beispielen gezeigt, wie bestimmte Prozesse, Tätigkeiten und Maßnahmen in der betrieblichen Praxis anderer Organisationen umgesetzt werden („Wie lässt sich die DIN EN ISO 14001 in der Praxis umsetzen?"). Diese können Sie – nach Prüfung auf Anwendbarkeit – auf Ihre Organisation übertragen, um bei der nächsten Zertifizierung besser vorbereitet zu sein. So ist es Ihnen möglich, einerseits die Änderungen an der Struktur sowie die Umsortierung einiger Inhalte im Überblick zu erkennen, andererseits können Sie erkennen, welche Schritte Sie einleiten müssen, um der neuen DIN EN ISO 14001:2015 inhaltlich zu entsprechen.

Dr. Volker Teichert

Autor

Volker Teichert, geb. 1954, Studium der Volkswirtschaftslehre an der Universität Heidelberg von 1973 bis 1979, Studium der Erziehungswissenschaften an der Universität Heidelberg von 1975 bis 1981, Diplom-Volkswirt 1979, Diplom-Pädagoge 1981. Von 1981 bis 1985 wissenschaftlicher Mitarbeiter beim Forschungsprojekt „Wirkungen der Mitbestimmung, insbesondere des Mitbestimmungsgesetzes von 1976" unter Leitung von Prof. Dr. Hans G. Nutzinger am Fachbereich Wirtschaftswissenschaften der Universität Kassel. Von 1986 bis 1990 wissenschaftlicher Mitarbeiter am Fachbereich „Theorie privater und öffentlicher Unternehmen" der Universität Kassel. Von 1990 bis 1996 stellvertretender Leiter im Regionalbüro Baden-Württemberg des Instituts für Ökologische Wirtschaftsforschung (IÖW), Heidelberg, und in dieser Zeit Lehrbeauftragter an den Fachhochschulen Karlsruhe und Mainz sowie der Berufsakademie Mannheim. 1992 Promotion zum Dr. rer. pol.

Seit 1996 wissenschaftlicher Referent für Ökonomie im Arbeitsbereich „Frieden und Nachhaltige Entwicklung" der Forschungsstätte der Evangelischen Studiengemeinschaft e.V. (FEST), Heidelberg. 1998 Stelle als Gastwissenschaftler am Wissenschaftszentrum Berlin. Seit 1990 Durchführung von ca. 100 Forschungsvorhaben zu Umweltmanagement, Energiemanagement, Klimaschutz, Nachhaltigkeit und globalen, nationalen und kommunalen Nachhaltigkeitsindikatoren.

Seit 2005 Vorsitzender der Jury Umweltzeichen des Bundesministeriums für Umwelt, Naturschutz, Bau und Reaktorsicherheit.

Seit 2014 Lehrbeauftragter für den Studiengang „Sustainable Marketing & Leadership" an der Hochschule Fresenius in München.

Seit 2015 Prüfer für die Durchführung der mündlichen Fachkundeprüfungen der Deutschen Akkreditierungs- und Zulassungsgesellschaft für Umweltgutachter mbH (DAU).

Kontakt: volker.teichert@fest-heidelberg.de

Geschichte der ISO-14000er-Normenfamilie

Die umwelt- und klimapolitischen Herausforderungen, vor denen die Industriegesellschaften weltweit stehen, werden gegenwärtig von niemandem mehr infrage gestellt. Das könnte man zumindest meinen, wenn man die öffentliche Diskussion verfolgt: Denn keine der politischen Organisationen verzichtet heute mehr darauf, ihre Kompetenz im Umwelt- und Klimaschutz unter Beweis zu stellen.

Ebenso gehört bei den Unternehmen und ihren Verbandsorganisationen (z.B. Bundesverband der Deutschen Industrie, Deutscher Industrie- und Handelskammertag, Verband der Chemischen Industrie) das Thema Umwelt- und Klimaschutz zum Bestandteil ihres Handelns. Dies zeigt sich etwa daran, dass heute fast alle Großunternehmen, aber auch viele kleine und mittelständische Betriebe über ein Umweltmanagement verfügen.

Innenbetrieblich wird der Umweltschutz entweder durch eine Stabsstelle oder durch eine zentrale Abteilung mit Leitungscharakter organisiert. Außerdem gibt es bei den regionalen Handwerkskammern sowie Industrie- und Handelskammern vermehrt Umweltschutzreferate, die das Ziel haben, den Betrieben in Fragen des Umweltschutzes zur Seite zu stehen.

Nicht zuletzt versuchen die in „future e.V. – Verantwortung Unternehmen"[1] oder im „Bundesdeutschen Arbeitskreis für umweltbewusstes Management" (B.A.U.M.)[2] zusammengeschlossenen Unternehmen und Manager, den Umweltschutz bei ihrem wirtschaftlichen Handeln zu berücksichtigen. Daneben sind in den zurückliegenden Jahren verschiedene Klimainitiativen deutscher Unternehmen (u.a. Mittelstand für Energieeffizienz, Wirtschaft pro Klima, Stiftung 2 Grad) entstanden. Und nicht zu vergessen: Jedes größere Unternehmen hat mittlerweile die Attribute „ökologisch" oder „nachhaltig" in seine

1 www.future-ev.de
2 www.baumev.de

Werbung und Öffentlichkeitsarbeit aufgenommen, um seine Produkte und Dienstleistungen besonders hervorzuheben.

Phasen der Umweltpolitik

Die **erste Phase** zu Anfang der 1970er-Jahre war geprägt durch die Sensibilisierung der Bevölkerung für das Thema Umweltschutz. In der **zweiten Phase,** die etwa bis Mitte der 1980er-Jahre reichte, wurde vor allen Dingen die staatliche Umweltpolitik mittels Auflagen ausgebaut. Als Reaktion darauf wurden die Umwelt beeinträchtigende Produktionsprozesse und Produkte durch additive Umwelttechniken (Rauchgas-Entschwefelungsanlagen, Lärmwände, Müllverbrennungsanlagen) akzeptabel gemacht. Die **dritte Phase** seit Ende der 1980er-/Anfang der 1990er-Jahre kann als Phase der ökologischen Erneuerung bezeichnet werden, in der versucht wurde, die vorhandenen Produktionsprozesse und Produkte durch technische Innovationen umweltfreundlicher zu gestalten und dementsprechend zu vermarkten (z.B. leisere Motoren, Abfallrecycling, rationellere Energienutzung). Die **vierte Phase** war dann eine umweltpolitische Entwicklung in Richtung einer Strukturveränderung. Hier wurden umweltproblematische Formen von Produktion und Konsum durch nachhaltig besser angepasste Formen substituiert.

Im Weiteren sollen die vier Phasen noch eingehender charakterisiert werden.

Erste Phase: Staatliche Auflagenpolitik

Die erste Phase ist in erster Linie durch die Veröffentlichungen des Club of Rome[3] gekennzeichnet, der das Thema Umweltschutz Anfang der 1970er-Jahre für eine breitere Öffentlichkeit zugänglich machte. Parallel dazu wurde in diesem Jahrzehnt verstärkt auf eine staatliche Auflagenpolitik gesetzt, indem zahlreiche Gesetze zum Schutz der Umwelt und vor Gefahrstoffen erlassen wurden.

3 vgl. Meadows, Dennis L./Meadows, Donella H./Randers, Jørgen/Behrens, William W. (1972): Die Grenzen des Wachstums. Stuttgart: Deutsche Verlangsanstalt

1974 wurde beispielsweise das Bundes-Immissionsschutzgesetz verabschiedet, das rechtliche Maßnahmen zur Reinhaltung der Luft sowie Bekämpfung von Lärm und weiterer schädlicher Umwelteinwirkungen vorsieht. Ebenso wurde in dieser Zeit, nämlich 1972, mit dem Gesetz über die Beseitigung von Abfall (Abfallbeseitigungsgesetz – AbfG) die erste bundeseinheitliche Regelung des Abfallrechts geschaffen, die 1994 in das Kreislaufwirtschaftsgesetz überführt wurde.

Zweite Phase: Nachsorgende Umweltpolitik

In der zweiten Phase wurde seit Anfang der 1980er-Jahre von Industrie und Staat vermehrt in sogenannte End-of-pipe-Technologien investiert. Diese defensiven Umweltschutztechniken hatten in erster Linie die Funktion, die Industriegesellschaft vor allzu drastischen Umweltfolgen zu schützen. Zudem musste auch die ökologische Effizienz dieser nachsorgenden Umweltpolitik mit einem Fragezeichen versehen werden, denn das Umweltschutzproblem wird oftmals nur räumlich oder zeitlich verschoben.

Durch Filtertechnologien wird zwar das Medium Luft entlastet, dafür beanspruchen aber die Filter als Sondermüll einen entsprechenden Deponieraum. Der Bau von Kläranlagen hat zu einem steigenden Aufkommen von Klärschlämmen geführt, dessen Entsorgung ebenfalls problematisch ist. Und selbst bei gut abgedichteten Mülldeponien besteht immer die Gefahr, dass Giftstoffe ins Grundwasser gelangen können.

Dritte Phase: Integrierter Umweltschutz

Seit Anfang der 1990er-Jahre wurde dann der integrierte Umweltschutz als möglicher Lösungsweg angesehen. Integrierter Umweltschutz bedeutet, Produkte und Prozesse bereits in der Planung und Entwicklung ökologisch zu gestalten, statt nachträglich kostspielige Korrekturen vornehmen zu lassen. Außerdem wurde Ökologie als Ziel in der strategischen Unternehmensführung verankert, damit in allen funktionalen Unternehmensbereichen der Umweltschutz kontinuierlich Beachtung findet. Diese Entwicklung wird als dritte Phase der Umweltpolitik bezeichnet.

Probleme können sich beim integrierten Umweltschutz primär aus der Komplexität der ökologischen Zusammenhänge ergeben. Obwohl sich die umweltpolitischen Informationsinstrumente (Ökobilanzen, Ökocontrolling) immer mehr verfeinern, zeigt sich, wie schwierig es ist, Produkt- und Prozessalternativen ökologisch abzuwägen.

In diese dritte Phase fällt die 1991 erfolgte Einrichtung der „Strategic Advisory Group on the Environment" (SAGE) durch die Internationale Organisation für Normung (International Organization for Standardization – ISO). Deren Ziel war die Entwicklung von internationalen Umweltstandards, da befürchtet wurde, dass unterschiedliche nationale Standards Handelsbarrieren darstellen könnten. Empfohlen wurden die Schaffung weltweit gültiger Standards und die Gründung des Technischen Komitees ISO/TC 207 „Environmental Management".

Dieses Komitee hat seit seiner Gründung 1993 die nachfolgenden Normen zum Umweltmanagementsystem erarbeitet und verabschiedet:

Normen zu Umweltmanagementsystemen

- DIN EN ISO 14001:2015-11 „Umweltmanagementsysteme – Anforderungen mit Anleitung zur Anwendung (ISO 14001:2015); Deutsche und Englische Fassung EN ISO 14001:2015"
- DIN EN ISO 14004:2016 (geplant) „Umweltmanagementsysteme – Allgemeiner Leitfaden über Grundsätze, Systeme und unterstützende Methoden (ISO/DIS 14004:2015); Deutsche Fassung prEN ISO 14004:2015" (zurzeit noch im Entwurfsstadium von 2015-03)
- ISO 14005:2010-12 „Umweltmanagementsysteme – Anleitung für eine phasenweise Einführung eines Umweltmanagementsystems – Unter Einbeziehung der Umweltleistungsbewertung" (englische Fassung)
- DIN EN ISO 14006:2011-10 „Umweltmanagementsysteme – Leitlinien zur Berücksichtigung umweltverträglicher Produktgestaltung (ISO 14006:2011); Deutsche und Englische Fassung EN ISO 14006:2011"

In dieser Phase wurden die Umweltmanagementsysteme noch durch erweiterte Ansätze unterfüttert, indem in einzelnen Organisationen Stoffstromanalysen, Stoff- und Energiebilanzen sowie Material- und Informationsflussanalysen durchgeführt wurden. So erhielten die Organisationen detaillierte Informationen zu Stoff- und Energieströmen.

Vierte Phase: Nachhaltigkeitsberichterstattung

Die Nachhaltigkeitsberichterstattung ist ein junges, neuartiges Produkt, das vor allem in der vierten Phase verstärkt von Organisationen eingesetzt wird. In der neuen DIN EN ISO 14001:2015 heißt es hierzu:

„Gesellschaftliche Erwartungen in Bezug auf nachhaltige Entwicklung, Transparenz und Rechenschaftspflicht haben sich mit zunehmend strengerer Gesetzgebung, wachsendem Druck auf die Umwelt durch Umweltbelastung, ineffiziente Nutzung von Ressourcen, unsachgemäßes Abfallmanagement, Klimawandel, Beeinträchtigung von Ökosystemen und Verlust von Biodiversität entwickelt." (DIN EN ISO 14001:2015, S. 8)

Seit gut zehn Jahren veröffentlichen vor allem Unternehmen der chemischen Industrie, Versandhäuser und Automobilunternehmen solche Nachhaltigkeitsberichte. Bislang gibt es keine standardisierten Vorgaben – wie etwa bei der Umwelterklärung nach der europäischen Verordnung zur Einführung eines Umweltmanagements (EMAS) –, sodass die Inhalte der Berichte sehr stark variieren und den Begriff der Nachhaltigkeit oftmals unterschiedlich ausgestalten.

Nachhaltigkeit wird von jeder Organisation anders buchstabiert. Zwar umfassen alle Berichte die drei Dimensionen Ökologie, Ökonomie, Soziales, die Gewichtung ist jedoch höchst unterschiedlich. Eine Vergleichbarkeit der Nachhaltigkeitsberichte ist daher nicht möglich.

Gegenwärtig lassen sich grob vier Formen von Nachhaltigkeitsberichten unterscheiden:

1. Manche der Berichte versuchen eine Zusammenfassung von Umwelt-, Wirtschafts- und Sozialbericht (Otto Group, Stadtwerke Düsseldorf, Stadtwerke Hannover, memo). Bei diesen Unternehmen, die häufig nach DIN EN ISO 14001 zertifiziert worden sind, ersetzt der Nachhaltigkeitsbericht,

der ja – im Gegensatz zur Umwelterklärung nach EMAS – bei der DIN EN ISO 14001 nicht zwingend vorgeschrieben ist, die Kommunikation mit der Öffentlichkeit.

2. Andere Unternehmen greifen sich einzelne Aspekte von Nachhaltigkeit heraus und akzentuieren sie in ihrem Nachhaltigkeitsbericht (Bayer, BMW, Henkel, Opel, REWE Group) höchst unterschiedlich.
3. Wieder andere integrieren in ihren Nachhaltigkeitsbericht ihre Umwelterklärung (Hipp, Weleda, Werner & Mertz) und fügen dieser ergänzende Informationen zu Wirtschaft und Sozialem bei.
4. Einzelne Unternehmen wie die Stadtwerke Heidelberg veröffentlichen sowohl einen Geschäfts- und Nachhaltigkeitsbericht als auch eine Umwelterklärung, wobei die Umwelterklärung als Ergänzung der Nachhaltigkeitsberichterstattung dient.

Revision der DIN EN ISO 14001

Im Februar 2012 begann die ISO mit der Überarbeitung der DIN EN ISO 14001 „Umweltmanagementsysteme - Anforderungen mit Anleitung zur Anwendung".

2014 hatten sich weltweit 324.148 Organisationen nach DIN EN ISO 14001 zertifizieren lassen.[4] In Europa waren es 2014 etwa 124.000 Organisationen, in Deutschland 7.700 Organisationen. Neben Europa werden vor allem in Südostasien, primär in China, viele Zertifizierungen nach DIN EN ISO 14001 durchgeführt.[5]

Tab. 1: Top 10 der Länder mit einer Zertifizierung nach DIN EN ISO 14001 im Jahr 2014

1	China	117.758
2	Italien	27.178
3	Japan	23.753
4	Großbritannien	16.685
5	Spanien	13.869
6	Rumänien	9.302
7	Frankreich	8.306
8	Deutschland	7.708
9	USA	6.586
10	Indien	6.446

Quelle: ISO Survey of Certifications 2014 – Industrial sectors

4 The ISO Survey of Management System Standard Certifications - 2014. Executive summary. Die Studie kann unter www.iso.org/iso/iso_survey_executive-summary.pdf?v2014 heruntergeladen werden.

5 Die Daten zu den einzelnen Ländern sind im Excel-Format vorhanden, siehe hierzu www.iso.org/iso/home/standards/certification/home/standards/certification/iso-survey.htm?certificate=ISO 14001&countrycode=AF

In Deutschland konzentrierten sich 2014 die Zertifizierungen nach DIN EN ISO 14001 auf fünf zentrale Bereiche:

- Herstellung von Metallerzeugnissen (1.225 Organisationen)
- Herstellung von elektrischen und optischen Ausrüstungen (727 Organisationen)
- andere Dienstleistungen (616 Organisationen)
- Herstellung von chemischen Erzeugnissen (548 Organisationen)
- Herstellung von Gummi- und Kunststoffwaren (474 Organisationen)

Die Überarbeitung der DIN EN ISO 14001 fokussierte sich auf folgende Themen:

- **Risikoermittlung**
- **Stakeholderorientierung**
- **Erfassung der Umweltleistungen** mithilfe von Leistungsindikatoren
- **Betrachtung des Lebenswegs eines Produkts** „von der Wiege bis zur Bahre" („Cradle-to-grave-Prinzip")
- externe und interne **Kommunikation**
- Einhaltung rechtlicher Verpflichtungen (**Legal Compliance**)
- **Förderung der Anwendungsmöglichkeiten** für kleine und mittlere Unternehmen
- **Aufbau von integrierten Managementsystemen** nach DIN EN ISO 9001 (Qualitätsmanagement), DIN EN ISO 14001 (Umweltmanagement), DIN EN ISO 50001 (Energiemanagement) und DIN ISO 45001 (Arbeitsschutzmanagement)

ISO-Grundstruktur für Managementsysteme

Um die verschiedenen Managementsysteme besser ineinander zu integrieren, wurde die überarbeitete Version der DIN EN ISO 14001 in die **High Level Structure** – auf Deutsch: ISO-Grundstruktur für Managementsystemnormen – überführt. Die High Level Structure wurde 2012 festgelegt und beschlossen; sie schafft einen verbindlichen Rahmen für alle Managementsysteme und beinhaltet folgende Strukturelemente:

Tab. 2: Gliederung der ISO-Grundstruktur für Managementsystemnormen

ISO-Grundstruktur für Managementsystemnormen	
0	Einleitung
1	Anwendungsbereich
2	Normative Verweisungen
3	Begriffe
4	Kontext der Organisation
4.1	Verstehen der Organisation und ihres Kontextes
4.2	Verstehen der Erfordernisse und Erwartungen interessierter Parteien
4.3	Festlegen des Anwendungsbereichs des Managementsystems
4.4	Managementsystem
5	Führung
5.1	Führung und Verpflichtung
5.2	Politik
5.3	Rollen, Verantwortlichkeiten und Befugnisse in der Organisation
6	Planung
6.1	Maßnahmen zum Umgang mit Risiken und Chancen
6.2	Ziele und Planung zur deren Erreichung
7	Unterstützung
7.1	Ressourcen
7.2	Kompetenz
7.3	Bewusstsein
7.4	Kommunikation
7.5	Dokumentierte Information
7.5.1	Allgemeines
7.5.2	Erstellen und Aktualisieren
7.5.3	Lenkung dokumentierter Information
8	Betrieb
8.1	Betriebliche Planung und Steuerung

ISO-Grundstruktur für Managementsystemnormen	
9	Bewertung der Leistung
9.1	Überwachung, Messung, Analyse und Bewertung
9.2	Internes Audit
9.3	Managementbewertung
10	Verbesserung
10.1	Nichtkonformität und Korrekturmaßnahmen
10.2	Fortlaufende Verbesserung

Übergangszeitraum für die DIN EN ISO 14001:2004

Für die Umstellung von der DIN EN ISO 14001:2004 auf die aktuelle Version wurde vom International Accreditation Forum (IAF) für bereits zertifizierte Organisationen eine Übergangsfrist von drei Jahren festgelegt.[6] Nach dieser Regelung sind alle Zertifikate nach DIN EN ISO 14001:2004 ab dem 15. September 2018 nicht mehr gültig. Organisationen können sich aber bereits heute nach der überarbeiteten Norm zertifizieren lassen.

6 www.iaf.nu/upFiles/IAFID10Transition_ISO14001publicationversion27022015.pdf

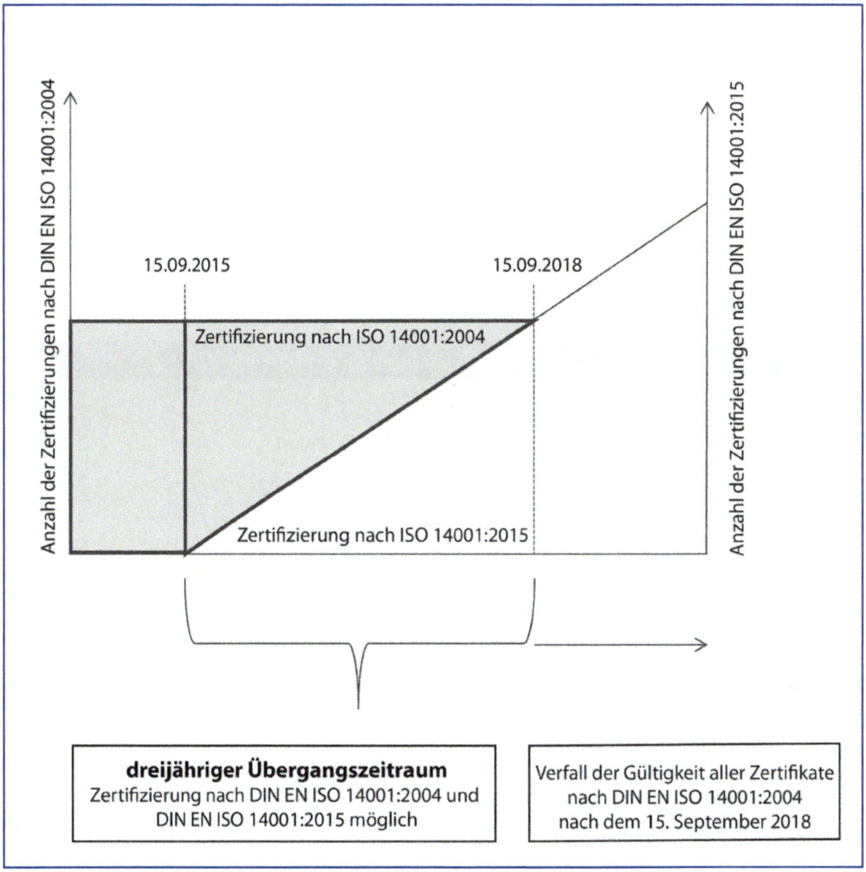

Abb. 1: Dreijähriger Übergangszeitraum DIN EN ISO 14001:2004 zu DIN EN ISO 14001:2015

DIN EN ISO 14001:2015 und DIN EN ISO 14001:2009 im Vergleich

Synopse nach DIN EN ISO 14001:2015

Im Folgenden erhalten Sie einen vergleichenden Überblick über die alte und die neue DIN EN ISO 14001.

Tab. 3: DIN EN ISO 14001:2015 und DIN EN ISO 14001:2009 im Vergleich

DIN EN ISO 14001:2015		DIN EN ISO 14001:2009	
	Europäisches Vorwort		
	Vorwort		Vorwort
	Einleitung		Einleitung
1	Anwendungsbereich	1	Anwendungsbereich
2	Normative Verweisungen	2	Normative Verweisungen
3	Begriffe	3	Begiffe
3.1	Begriffe in Verbindung mit Organisation und Führung		
3.2	Begriffe in Verbindung mit Planung		
3.3	Begriffe in Verbindung mit Unterstützung und Betrieb		
3.4	Begriffe in Verbindung mit Leistungsbewertung und Verbesserung		
4	Kontext der Organisation		
4.1	Verstehen der Organisation und ihres Kontextes		
4.2	Verstehen der Erfordernisse und Erwartungen interessierter Parteien		
4.3	Festlegen des Anwendungsbereichs des Umweltmanagementsystems		
4.4	Umweltmanagementsystem	4	Anforderungen an ein Umweltmanagementsystem

DIN EN ISO 14001:2015		DIN EN ISO 14001:2009	
5	Führung	4.1	Allgemeine Anforderungen
5.1	Führung und Verpflichtung		
5.2	Umweltpolitik	4.2	Umweltpolitik
5.3	Rollen, Verantwortlichkeiten und Befugnisse in der Organisation		
6	Planung		
6.1	Maßnahmen zum Umgang mit Risiken und Chancen		
6.1.1	Allgemeines		
6.1.2	Umweltaspekte	4.3.1	Umweltaspekte
6.1.3	Bindende Verpflichtungen	4.3.2	Rechtliche Verpflichtungen und andere Anforderungen
		4.5.2	Bewertung der Einhaltung von Rechtsvorschriften
6.1.4	Planung von Maßnahmen	4.3	Planung
6.2	Umweltziele und Planung zu deren Erreichung	4.3.3	Zielsetzungen, Einzelziele und Programm(e)
6.2.1	Umweltziele		
6.2.2	Planung von Maßnahmen zur Erreichung der Umweltziele		
7	Unterstützung	4.4.1	Ressourcen, Aufgaben, Verantwortlichkeit und Befugnis
7.1	Ressourcen		
7.2	Kompetenz	4.4.2	Fähigkeit, Schulung und Bewusstsein
7.3	Bewusstsein		
7.4	Kommunikation	4.4.3	Kommunikation
7.4.1	Allgemeines		
7.4.2	Interne Kommunikation		
7.4.3	Externe Kommunikation		

DIN EN ISO 14001:2015		DIN EN ISO 14001:2009	
7.5	Dokumentierte Information	4.4.4	Dokumentation
7.5.1	Allgemeines		
7.5.2	Erstellen und Aktualisieren	4.4.6	Ablauflenkung
7.5.3	Lenkung dokumentierter Information	4.5.4	Lenkung von Aufzeichnungen
		4.4.5	Lenkung von Dokumenten
8	Betrieb	4.4	Verwirklichung und Betrieb
8.1	Betriebliche Planung und Steuerung		
8.2	Notfallvorsorge und Gefahrenabwehr	4.4.7	Notfallvorsorge und Gefahrenabwehr
9	Bewertung der Leistung	4.5	Überprüfung
9.1	Überwachung, Messung, Analyse und Bewertung	4.5.1	Überwachung und Messung
9.1.1	Allgemeines		
9.1.2	Bewertung der Einhaltung von Verpflichtungen		
9.2	Internes Audit	4.5.5	Internes Audit
9.2.1	Allgemeines		
9.2.2	Internes Auditprogramm		
9.3	Managementbewertung	4.6	Managementbewertung
10	Verbesserung	4.5.3	Nichtkonformität, Korrektur- und Vorbeugungsmaßnahmen
10.1	Allgemeines		
10.2	Nichtkonformität und Korrekturmaßnahmen		
10.3	Fortlaufende Verbesserung		

Synopse nach DIN EN ISO 14001:2009

Tab. 4: DIN EN ISO 14001:2009 und DIN EN ISO 14001:2015 im Vergleich

DIN EN ISO 14001:2009		DIN EN ISO 14001:2015	
			Europäisches Vorwort
	Vorwort		Vorwort
	Einleitung		Einleitung
1	Anwendungsbereich	1	Anwendungsbereich
2	Normative Verweisungen	2	Normative Verweisungen
3	Begriffe	3	Begriffe
		3.1	Begriffe in Verbindung mit Organisation und Führung
		3.2	Begriffe in Verbindung mit Planung
		3.3	Begriffe in Verbindung mit Unterstützung und Betrieb
		3.4	Begriffe in Verbindung mit Leistungsbewertung und Verbesserung
		4	Kontext der Organisation
		4.1	Verstehen der Organisation und ihres Kontextes
		4.2	Verstehen der Erfordernisse und Erwartungen interessierter Parteien
		4.3	Festlegen des Anwendungsbereichs des Umweltmanagementsystems
4	Anforderungen an ein Umweltmanagementsystem	4.4	Umweltmanagementsystem
4.1	Allgemeine Anforderungen	5	Führung
		5.1	Führung und Verpflichtung

DIN EN ISO 14001:2009		DIN EN ISO 14001:2015	
4.2	Umweltpolitik	5.2	Umweltpolitik
		5.3	Rollen, Verantwortlichkeiten und Befugnisse in der Organisation
		6	Planung
		6.1	Maßnahmen zum Umgang mit Risiken und Chancen
		6.1.1	Allgemeines
4.3	Planung	6.1.4	Planung von Maßnahmen
4.3.1	Umweltaspekte	6.1.2	Umweltaspekte
4.3.2	Rechtliche Verpflichtungen und andere Anforderungen	6.1.3	Bindende Verpflichtungen
4.3.3	Zielsetzungen, Einzelziele und Programm(e)	6.2	Umweltziele und Planung zu deren Erreichung
		6.2.1	Umweltziele
		6.2.2	Planung von Maßnahmen zur Erreichung der Umweltziele
4.4	Verwirklichung und Betrieb	8	Betrieb
		8.1	Betriebliche Planung und Steuerung
4.4.1	Ressourcen, Aufgaben, Verantwortlichkeit und Befugnis	7	Unterstützung
		7.1	Ressourcen
4.4.2	Fähigkeit, Schulung und Bewusstsein	7.2	Kompetenz
		7.3	Bewusstsein
4.4.3	Kommunikation	7.4	Kommunikation
		7.4.1	Allgemeines
		7.4.2	Interne Kommunikation
		7.4.3	Externe Kommunikation
4.4.4	Dokumentation	7.5	Dokumentierte Information
		7.5.1	Allgemeines
4.4.5	Lenkung von Dokumenten	7.5.3	Lenkung dokumentierter Information
4.4.6	Ablauflenkung	7.5.2	Erstellen und Aktualisieren
4.4.7	Notfallvorsorge und Gefahrenabwehr	8.2	Notfallvorsorge und Gefahrenabwehr

DIN EN ISO 14001:2009		DIN EN ISO 14001:2015	
4.5	Überprüfung	9	Bewertung der Leistung
4.5.1	Überwachung und Messung	9.1	Überwachung, Messung, Analyse und Bewertung
		9.1.1	Allgemeines
		9.1.2	Bewertung der Einhaltung von Verpflichtungen
4.5.2	Bewertung der Einhaltung von Rechtsvorschriften	6.1.3	Bindende Verpflichtungen
4.5.3	Nichtkonformität, Korrektur- und Vorbeugungsmaßnahmen	10	Verbesserung
		10.1	Verbesserung
		10.2	Nichtkonformität und Korrekturmaßnahmen
		10.3	Fortlaufende Verbesserung
4.5.4	Lenkung von Aufzeichnungen	7.5.3	Lenkung dokumentierter Information
4.5.5	Internes Audit	9.2	Internes Audit
		9.2.1	Allgemeines
		9.2.2	Internes Auditprogramm
4.6	Managementbewertung	9.3	Managementbewertung

Übersicht über die DIN EN ISO 14001:2015

Die DIN EN ISO 14001:2015 wurde vom Technischen Komitee ISO/TC 207 „Environmental Management" (Sekretariat: SCC, Kanada), Unterkomitee SC 1 „Environmental Management Systems" (Sekretariat: BSI, Vereinigtes Königreich) grundlegend überarbeitet. So wurden z.B. die jeweiligen Abschnitte inhaltlich sehr viel stärker ausdifferenziert. Hatte die DIN EN ISO 14001:2009 nur vier Abschnitte, so sind es in der überarbeiteten Fassung zehn. Außerdem wurde der Anhang B, in dem in der ursprünglichen Version eine Gegenüberstellung von DIN EN ISO 9001:2008 und DIN EN ISO 14001:2004 vorgenommen wurde, vollständig entfernt, da sich beide Normen mittlerweile an der gleichen Struktur orientieren.

Begriffe

Gegenüber der DIN EN ISO 14001:2009 wurde in **Abschnitt 3** die Anzahl der verwendeten Begriffe ausgeweitet. Vormals waren es 20 Begriffe, nun sind es 33 Begriffserläuterungen.

Tab. 5: Gegenüberstellung von 20 Begriffen in der DIN EN ISO 14001:2009 und der DIN EN ISO 14001:2015

Begriffe in der DIN EN ISO 14001:2009		Begriffe in der DIN EN ISO 14001:2015	
3.1	Auditor	–	
3.2	ständige Verbesserung	3.4.5	fortlaufende Verbesserung
3.3	Korrekturmaßnahme	3.4.4	Korrekturmaßnahme
3.4	Dokument	3.3.2	dokumentierte Information
3.5	Umwelt	3.2.1	Umwelt
3.6	Umweltaspekt	3.2.2	Umweltaspekt
3.7	Umweltauswirkung	3.2.4	Umweltauswirkung
3.8	Umweltmanagementsystem	3.1.2	Umweltmanagementsystem
3.9	umweltbezogene Zielsetzung	3.2.5	Ziel
3.10	Umweltleistung	3.4.11	Umweltleistung
3.11	Umweltpolitik	3.1.3	Umweltpolitik

Begriffe in der DIN EN ISO 14001:2009		Begriffe in der DIN EN ISO 14001:2015	
3.12	umweltbezogenes Einzelziel	3.2.6	Umweltziel
3.13	interessierter Kreis	3.1.6	interessierte Partei
3.14	internes Audit	3.4.1	Audit
3.15	Nichtkonformität	3.4.3	Nichtkonformität
3.16	Organisation	3.1.4	Organisation
3.17	Vorbeugungsmaßnahme	3.4.4	Korrekturmaßnahme
3.8	Vermeidung von Umweltbelastungen	3.2.7	Verhindern von Umweltbelastungen
3.9	Verfahren	3.3.5	Prozess
3.20	Aufzeichnung	3.4.9	Messung

Tab. 6: 13 neue Begriffe in der DIN EN ISO 14001:2015

Neue Begriffe in der DIN EN ISO 14001:2015	
3.1.1	Managementsystem
3.1.5	oberste Leitung
3.2.3	Umweltzustand
3.2.8	Anforderung
3.2.9	bindende Verpflichtungen
3.2.10	Risiko
3.2.11	Risiken und Chancen
3.3.1	Kompetenz
3.3.3	Lebensweg
3.3.4	Ausgliedern
3.4.2	Konformität
3.4.6	Wirksamkeit
3.4.7	Kennzahl
3.4.8	Überwachung
3.4.10	Leistung

Zudem wurden sie nach verschiedenen Aspekten kategorisiert, indem sie den Überschriften

- Organisation und Führung,
- Planung,
- Unterstützung und Betrieb,
- Leistungsbewertung und Verbesserung

zugeordnet wurden.

Des Weiteren wurde die DIN EN ISO 14001:2015 im Allgemeinen inhaltlich viel stärker ausdifferenziert. Der bisherige Abschnitt 4 „Anforderungen an ein Umweltsystem" wurde in der neuen Normversion in verschiedene einzelne Abschnitte aufgeteilt; hinzu kamen auch neue Abschnitte.

Kontext der Organisation

Abschnitt 4 der neuen Normversion behandelt den Kontext der Organisation hinsichtlich interessierter Parteien oder relevanter interner und externer Themen für den Anwendungsbereich und den Aufbau des Umweltmanagementsystems. Die Erfordernisse und Erwartungen interessierter Parteien sollen besser rezipiert werden.

Zu den interessierten Parteien zählen u.a. Kunden, Lieferanten, Gemeinden, Aufsichtsbehörden, Nichtregierungsorganisationen, Investoren und Mitarbeiter.

Außerdem ist von der Organisation zu bewerten, ob aus den Erfordernissen und Erwartungen konkrete Anforderungen abgeleitet werden müssen.

Führung

Abschnitt 5 wurde ebenfalls neu hinzugenommen und ergänzt den ehemaligen Abschnitt 4.2 „Umweltpolitik" um weitere Aspekte. Inhaltlich adressiert ist dieser Abschnitt an die oberste Leitung einer Organisation, die sich in ihrer Umweltpolitik zum Schutz der Umwelt verpflichten muss. Dazu können u.a. die nachhaltige Ressourcenverwendung, die Abschwächung des

Klimawandels oder die Anpassung an den Klimawandel sowie der Schutz der Biodiversität und Ökosysteme gehören.

Außerdem hat die oberste Leitung die Einhaltung des Umweltmanagementsystems sicherzustellen und dafür zu sorgen, dass die dafür notwendigen Verantwortlichkeiten und Befugnisse für relevante Rollen festgelegt werden.

Planung

Abschnitt 6 baut den ehemaligen Abschnitt 4.3 „Planung" stärker aus. So hat die Organisation die Risiken und Chancen ihres Umweltmanagementsystems zu bestimmen (Abschnitt 6.1) sowie die Umweltziele (Abschnitt 6.2) festzulegen.

Im Einzelnen hat sie zum Erreichen ihrer Umweltziele folgende Aspekte zu berücksichtigen:

- Was ist zu tun?
- Welche Ressourcen sind hierfür erforderlich?
- Wer ist verantwortlich?
- Bis wann soll das Umweltziel erreicht werden?
- Wie sind die Ergebnisse angesichts der Kennzahlen zur Überwachung der Ziele zu bewerten?

Unterstützung und Betrieb

Die Abschnitte 7 und 8 orientieren sich inhaltlich vor allem an den ehemaligen Abschnitten 4.4 „Verwirklichung und Betrieb" sowie 4.5 „Überprüfung", wobei zwecks einer Neugliederung die bisherigen Unterpunkte umstrukturiert wurden.

In **Abschnitt 7** „Unterstützung" wird die Organisation angehalten, die notwendigen Ressourcen für den Umweltschutz zu bestimmen, entsprechende innerbetriebliche Kompetenz und innerbetriebliches Bewusstsein herzustellen sowie die Kommunikation nach innen und außen sicherzustellen. Außerdem hat sie die für das Umweltmanagementsystem erforderlichen dokumentierten Informationen zu erstellen, zu aktualisieren und zu lenken.

Abschnitt 8 „Betrieb" thematisiert betriebliche Prozesse, mit denen die Anforderungen an das Umweltmanagementsystem erfüllt werden sollen. In der Ablaufplanung und -kontrolle sollen vor- und nachgelagerte sowie vor allem ausgelagerte Prozesse stärker berücksichtigt werden. Dies schließt auch die Umwelteinflüsse von Produkten und Dienstleistungen bis zu deren Nutzungsende mit ein.

Um den Lebensweg eines Produkts oder einer Dienstleistung abzubilden, hat die Organisation angemessene Steuerungsmaßnahmen zu entwickeln. So kann sie sicherstellen, dass die Umweltanforderungen über den gesamten Lebensweg analysiert werden. Daneben müssen auch die externen Vertragspartner über die Umweltanforderungen informiert werden. Diese Lebenswegbetrachtung ist die **zentrale Neuerung in der DIN EN ISO 14001:2015.**

Ebenso muss die Organisation Notfallvorsorge betreiben, um auf mögliche Notfallsituationen vorbereitet zu sein.

Bewertung der Leistung

Abschnitt 9 „Bewertung der Leistung" formuliert den ehemaligen Abschnitt 4.6 „Managementbewertung" stärker aus. So werden in diesem Abschnitt nun zusätzlich zur Managementbewertung Überwachung, Messung und Analyse behandelt und es wird der Ablauf der internen Audits thematisiert.

Aufbauend auf der erweiterten Umweltbewertung werden nun auch die Anforderungen an die Bewertung der Umweltleistung erhöht. Schon bei der Festlegung der Umweltziele (Abschnitt 6) sollen passende Indikatoren verwendet werden, an denen sich die Zielerreichung und die Umweltleistung messen lassen können.

Dazu wird u.a. auf die DIN EN ISO 14031 „Umweltmanagement – Umweltleistungsbewertung" verwiesen. Mit der DIN EN ISO 14031 wurde 1999 erstmals auf internationaler Ebene eine Norm zur Umweltleistungsbewertung verabschiedet. Im Dezember 2013 wurde eine überarbeitete und erweiterte Version der DIN EN ISO 14031 vorgelegt.

Verbesserung

Abschnitt 10 „Verbesserung" wurde der Norm neu hinzugefügt und befasst sich mit der Frage, wie die Organisation im Fall der Nichtkonformität reagieren muss. Welche Maßnahmen zur Überwachung und Korrektur müssen von der Organisation ergriffen werden? Da sich das Umweltmanagementsystem primär als Werkzeug zur Prävention versteht, ist eine fortlaufende Verbesserung der Umweltleistungen vonnöten.

Anhang A: Anleitung zur Anwendung

Abgerundet wird die DIN EN ISO 14001:2015 durch einen kommentierten Anhang, in dem zusätzliche Informationen enthalten sind, die Fehlinterpretationen verhindern sollen.

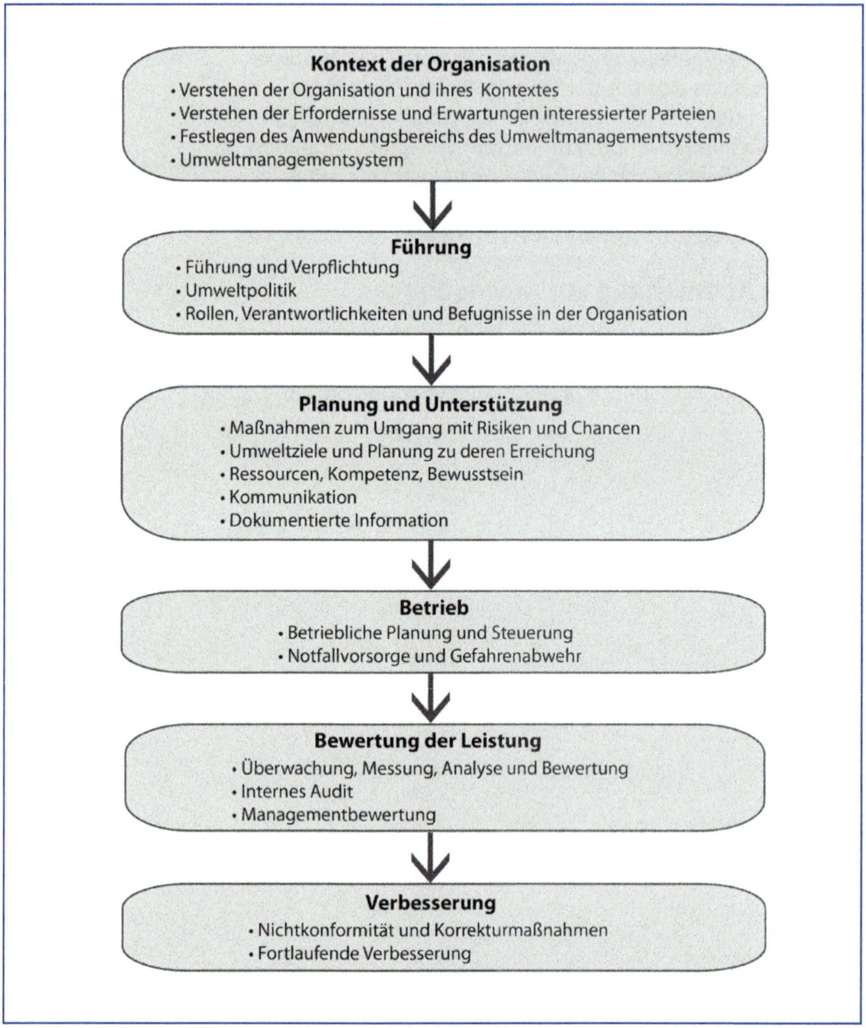

Abb. 2: Ablauf des Umweltmanagementsystems nach DIN EN ISO 14001:2015

Leitfaden zur Umsetzung der Norm im Unternehmen

Einleitung

Ausgangsbedingungen

Die zunehmenden Folgen des Klimawandels zeigen immer deutlicher Grenzen der industriellen Wirtschaftsweise und damit „Die Grenzen des Wachstums". Der unter diesem Titel veröffentlichte Expertenbericht des Club of Rome brachte vor rund 40 Jahren das Thema der Endlichkeit von Ressourcen in die wissenschaftliche Diskussion ein, die sich dann, anderthalb Jahrzehnte später, zunehmend am Leitbild der Nachhaltigkeit orientierte.

Leitbild Nachhaltigkeit

Das Fazit: Ein sehr viel sparsamerer Umgang mit den natürlichen Ressourcen ist zwingend erforderlich, um die ökologische Tragfähigkeit unseres Planeten nicht erheblich zu überlasten. Seinen Ursprung hat der Begriff „Nachhaltigkeit" dabei in der Fortwirtschaft: Es soll in einem Wald nicht mehr Holz geschlagen werden, als wieder nachwächst.

Die von den Vereinten Nationen eingesetzte Brundtland-Kommission[1] hat vor diesem Hintergrund in ihrem 1987 vorgelegten Bericht eine Definition von Nachhaltigkeit entworfen, die weit über einen engen naturwissenschaftlich bestimmten Begriff von Grenzen der Tragfähigkeit hinausgeht. Nach dieser Definition besteht Nachhaltigkeit darin, die Bedürfnisse der Gegenwart zu befriedigen, ohne zu riskieren, dass künftige Generationen ihre eigenen Bedürfnisse nicht mehr befriedigen können.

In der DIN EN ISO 14001:2015 wird in der Einleitung der Gedanke der Nachhaltigkeit erstmals verankert. Dabei wird sich an die Definition der Brundtland-Kommission angelehnt:

1 Hauff, Volker (1987): Unsere gemeinsame Zukunft. Der Brundtland-Bericht der Weltkommission für Umwelt und Entwicklung. Greven: Eggenkamp, S. 46

„Um die Bedürfnisse der heutigen Generation zu decken – ohne dabei die Möglichkeiten zukünftiger Generationen zu beeinträchtigen – wird eine Balance zwischen Umwelt, Gesellschaft und Wirtschaft als unerlässlich angesehen. Das Ziel einer nachhaltigen Entwicklung wird durch den Einklang der drei Säulen der Nachhaltigkeit erreicht." (DIN EN ISO 14001:2015, S. 8)

Auf der Konferenz der Vereinten Nationen in Rio de Janeiro über Umwelt und Entwicklung (UNCED) 1992 haben die Regierungen unter breiter Beteiligung der Zivilgesellschaft mit der Agenda 21 ein Aktionsprogramm für das 21. Jahrhundert verabschiedet, das zur Umsetzung einer global nachhaltigen Entwicklung beitragen soll. Schwerpunkte des Programms sind dabei neben der Erhaltung der natürlichen Ressourcen die sozialen und wirtschaftlichen Dimensionen der weiteren Entwicklung.

Die Rolle wichtiger gesellschaftlicher Gruppen sollte gestärkt und deren Möglichkeiten zur Umsetzung ihrer Ziele sollten verbessert werden. Nachhaltige Entwicklung wurde zu einem weltweit geltenden Leitbild erhoben, das sowohl die internationale als auch die nationale Politik bestimmen soll.

Grundlage ist ein umfassendes Nachhaltigkeitsverständnis, in dem ökonomische, ökologische und soziale Belange gleichermaßen berücksichtigt werden. Die Belastbarkeit der Erde und der Natur sowie die Endlichkeit der Ressourcen setzen dabei die Grenzen. Die Vereinten Nationen bekräftigten dies 2012 mit dem Dokument „Die Zukunft, die wir wollen" als Ergebnis einer UNCED-Folgekonferenz:

„Wir sind uns daher der Notwendigkeit bewusst, die nachhaltige Entwicklung weiter systematisch auf allen Ebenen zu etablieren, ihre wirtschaftlichen, sozialen und ökologischen Aspekte unter Berücksichtigung der zwischen ihnen bestehenden Verbindungen zu integrieren und so eine nachhaltige Entwicklung in allen ihren Dimensionen herbeizuführen."

UN-Resolution 66/288 vom 27. Juli 2012, S. 59, www.un.org/depts/german/gv-66/band3/ar66288.pdf

Um die ökologische Dimension der nachhaltigen Entwicklung zu erfüllen, wird Organisationen mit der DIN EN ISO 14001:2015 eine Anleitung zur Einführung eines Umweltmanagementsystems angeboten.

Aufgaben und Ziele eines Umweltmanagements

Das Ziel eines Umweltmanagements ist die kontinuierliche Verbesserung des betrieblichen Umweltschutzes. Die DIN EN ISO 14001:2015 bietet der Organisation einen verbindlichen Rahmen, mit dem sie die Umwelt schützen und auf sich ändernde Umweltzustände in Verbindung mit sozioökonomischen Erfordernissen angemessen reagieren kann.

Die Organisation kann mithilfe eines Umweltmanagements folgende Anforderungen erfüllen:

- Schutz der Umwelt durch Verhinderung oder Reduzierung nachteiliger Umweltauswirkungen
- Verringerung von nachteiligen Umweltauswirkungen auf die Organisation
- Verbesserung der Umweltleistungen
- Betrachtung des Lebenswegs von Produkten
- Unterstützung der Organisation bei der Wahrung der rechtlichen Verpflichtungen
- Stärkung der Marktposition von Organisation durch eine dauerhafte Senkung der Kosten für Ressourcen und eine Verbesserung der Ressourceneffizienz
- offener Dialog gegenüber relevanten interessierten Parteien

Erfolgsfaktoren

Der Erfolg eines Umweltmanagementsystems hängt entscheidend von der obersten Leitung ab. Als wesentlich wird in der DIN EN ISO 14001:2015 angesehen, das Umweltmanagement in die Geschäftsprozesse, die strategische Ausrichtung und die Entscheidungsfindung Ihrer Organisation zu integrieren.

PDCA-Zyklus

Um eine kontinuierliche Verbesserung der Umweltleistungen zu gewährleisten, kann sich Ihre Organisation am sogenannten PDCA-Zyklus orientieren:

- **P**lan (Planung): Definition der erforderlichen Ziele und Prozesse, um so Ergebnisse in Übereinstimmung mit der Umweltpolitik Ihrer Organisation zu erreichen
- **D**o (Unterstützung und Betrieb): Einführung der Prozesse
- **C**heck (Bewertung der Leistung): Überwachung und Messung der Prozesse mit Blick auf umweltpolitische Grundsätze, strategische und operative Ziele, gesetzliche Anforderungen und andere Verpflichtungen, die von Ihrer Organisation eingegangen wurden, sowie die Dokumentation der Ergebnisse
- **A**ct (Verbesserung): Eingehen von Maßnahmen zur kontinuierlichen Verbesserung der Leistungen des Umweltmanagementsystems

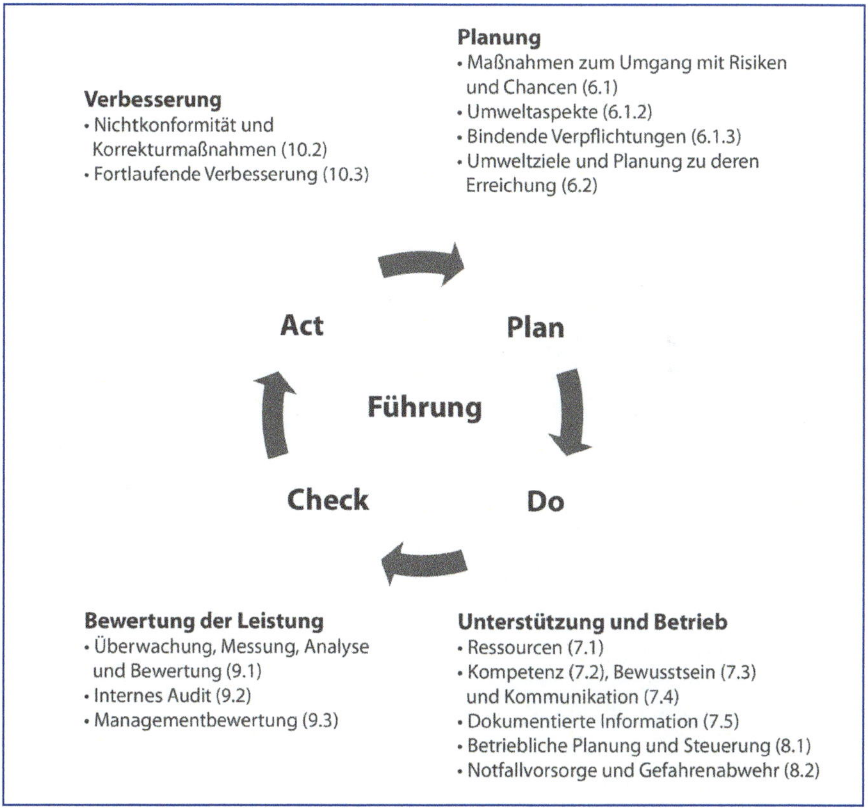

Abb. 3: PDCA-Zyklus eines Umweltmanagementsystems

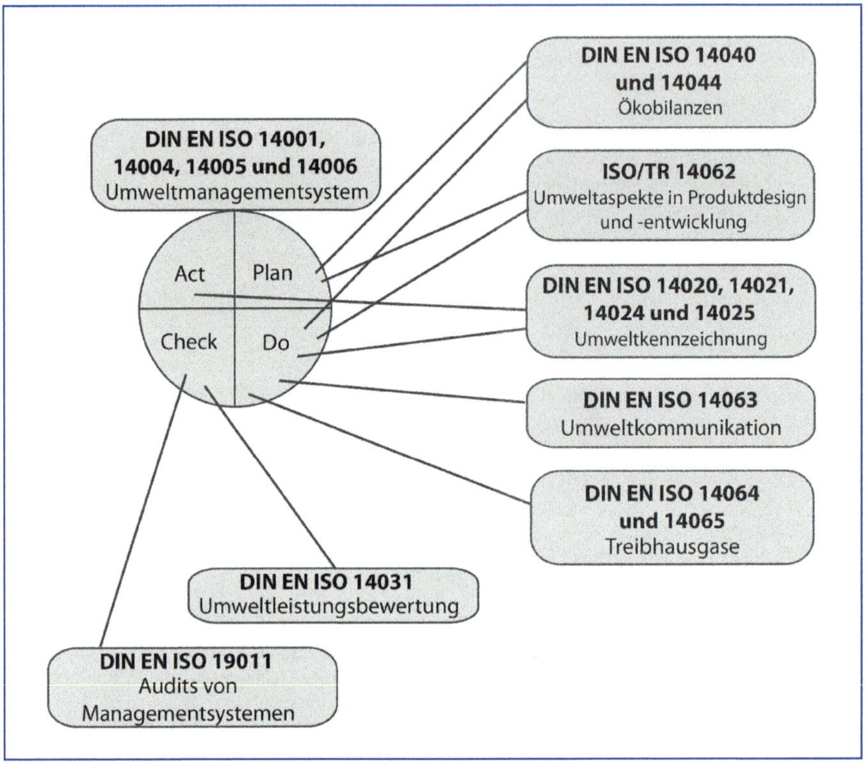

Abb. 4: Die Normen der DIN-EN-ISO-14000er-Serie im PDCA-Zyklus

Quelle: in Anlehnung an Finkbeiner, Matthias/Schwager, Bernhard (2016): Umweltmanagement für kleine und mittlere Unternehmen. Die ISO 14000-Serie und ihre Umsetzung. 3., aktualisierte und erweiterte Auflage. Berlin: Beuth, S. 25

1 Anwendungsbereich

Was steht in der Norm?

In der Norm werden Anforderungen an ein Umweltmanagementsystem festgelegt, die die Organisationen zu erfüllen haben, um ihre Umweltleistungen zu verbessern. Dabei wird wiederum ein Bezug zur nachhaltigen Entwicklung hergestellt.

„Diese Internationale Norm ist für die Anwendung durch Organisationen vorgesehen, die danach streben ihre umweltbezogenen Verantwortlichkeiten in einer zur ökologischen Säule der Nachhaltigkeit beitragenden, systematischen Weise zu führen." (DIN EN ISO 14001:2015, S. 14)

Ebenso soll das Umweltmanagement dazu dienen, die von der Organisation festgelegten Ziele zu erreichen. Damit kann sich ein Mehrwert für die Umwelt, die Organisation und die interessierten Parteien ergeben.

Die DIN EN ISO 14001:2015 ist so aufgebaut, dass sie auf alle Organisationen angewendet werden kann, unabhängig von Größe, Art und Branche.

Was ist von Ihrer Organisation zu tun?

Mit einem Umweltmanagement hat Ihre Organisation zielorientiert und schrittweise ihre betrieblichen Strukturen umzugestalten. Ihr Management hat die Vorgaben und das Erreichen von Umweltzielen zu koordinieren, die finanziellen und technischen Rahmenbedingungen für ökologische Veränderungen zu regeln, die Erfüllung der rechtlichen Erfordernisse zu gewährleisten und zur Verbesserung der Umweltleistungen beizutragen.

Um Erfolge im Umweltschutz zu erzielen, reicht ein formales Umweltmanagement nicht aus; es muss vielmehr in alle Bereiche Ihrer Organisation eingebunden werden. Für Ihre Organisation hat die Einführung eines Umweltmanagementsystems eine Reihe von strategischen Vorteilen.

Dazu zählen im Einzelnen folgende Aspekte:

- Es trägt dazu bei, die Ressourcen und Energie Ihrer Organisation einzusparen sowie die Emissionen in Wasser, Boden und Luft zu verringern.
- Es kann dazu dienen, schon im Voraus die betrieblichen Umweltrisiken Ihrer Organisation zu ermitteln und zu mindern.
- Es sichert das langfristige und nachhaltige Überleben Ihrer Organisation am Markt.
- Es hat die Umweltleistungen Ihrer Organisation zu bilanzieren und dient dazu, mit Ihren interessierten Parteien zu kommunizieren.
- Es werden organisatorische Strukturen geschaffen, indem Verantwortlichkeiten in Ihrer Organisation festgelegt werden.

Wie lässt sich die DIN EN ISO 14001:2015 in der Praxis umsetzen?

In vielen Fällen bestehen in den Organisationen neben dem Umweltmanagement noch weitere Managementsysteme (etwa zu Qualität oder zum Arbeits- und Gesundheitsschutz), die mit der neuen High Level Structure jetzt wesentlich besser integriert werden können.

Praxisbeispiel: Umweltmanagementsystem

„Das integrierte Managementsystem der Adolf Würth GmbH & Co. KG (zertifiziert nach DIN EN ISO 9001 und DIN EN ISO 14001) beschreibt die Organisationsstruktur, die Zuständigkeiten, Verhaltensweisen und Abläufe des Unternehmens.

Um Maßnahmen und Projekte in umwelttechnischen Belangen künftig noch effizienter und effektiver zu gestalten und zu überwachen, wurde das Würth Managementsystem kombiniert.

Die DIN EN ISO 14001 liefert Leitlinien zur Planung, Durchführung und Kontrolle von Umweltmaßnahmen und -aktivitäten.

Objektive Kontrolle im weiteren Sinne und Steuerung im engeren Sinne werden durch interne und externe Audits gewährleistet. In diesen Audits werden Maßnahmen und selbst gesetzte Ziele auf ihre Erfüllung hin geprüft und einem kontinuierlichen Verbesserungsprozess unterworfen.

Somit gewährleistet das Umweltmanagementsystem nach DIN EN ISO 14001, dass nicht die Erfüllung von einzelnen Umweltmaßnahmen im Vordergrund steht, sondern ein ständiger Verbesserungsprozess von Umweltmaßnahmen und Umweltzielen."

Quelle: Adolf Würth GmbH & Co. KG (2013): Umweltbericht, S. 8.
Adolf Würth GmbH & Co. KG, Reinhold-Würth-Straße 12–17, 74653 Künzelsau

2 Normative Verweisungen

Es liegen keine normativen Verweise vor.

3 Begriffe

3.1 Begriffe in Verbindung mit Organisation und Führung

Managementsystem

Es beschreibt die Aufgaben des Managements und verknüpft Methoden, um Politiken festzulegen, Ziele zu verabschieden sowie Prozesse zu steuern und zu kontrollieren.

Umweltmanagementsystem

Teil des Managementsystems, in dem die Zuständigkeiten, Verantwortlichkeiten, Verhaltensweisen, Abläufe und Vorgaben zur Umsetzung der Umweltpolitik der Organisation strukturiert festgelegt sind.

Umweltpolitik

Die Umweltpolitik beschreibt umweltbezogene Ziele und Handlungsgrundsätze der Organisation, einschließlich der Einhaltung bindender Verpflichtungen, der Erarbeitung von Risiken und Chancen sowie der Festlegung von Maßnahmen zur fortlaufenden Verbesserung der Umweltleistung. Weiter bildet sie den allgemeinen Rahmen, wie sich die Organisation ihre Umweltleistung in der Zukunft vorstellt.

Organisation

Organisation ist ein Zusammenschluss von Personen oder Personengruppen, die über eine Aufbau- und Ablauforganisation die betrieblichen Prozesse zu regeln versuchen. Eine Organisation kann unter anderem als Einzelunternehmer, Gesellschaft, Konzern, Firma, Unternehmen, Behörde, Handelsgesellschaft, Wohltätigkeitsorganisation, Institution oder Teile davon oder in Kombination der genannten Bereiche tätig sein.

Oberste Leitung

Person oder Personengruppe, die als Geschäftsführer oder als Geschäftsleitung die Organisation führen und steuern.

Interessierte Partei

Interessierte Parteien oder Stakeholder sind alle internen und externen Personengruppen, die von den Tätigkeiten der Organisation gegenwärtig oder in der Zukunft direkt oder indirekt betroffen sind.

3.2 Begriffe in Verbindung mit Planung

Umwelt

Die Umgebung, in der die Organisation tätig ist. Zur Umwelt gehören Luft, Wasser, Land, Bodenschätze, Flora, Fauna und der Mensch sowie deren Wechselwirkungen.

Umweltaspekt

Bestandteil einer Tätigkeit, eines Prozesses, Produkts und/oder einer Dienstleistung der Organisation, der Auswirkungen auf die Umwelt haben kann. Direkte Umweltaspekte kann die Organisation durch ihr Handeln unmittelbar beeinflussen und kontrollieren, indirekte Umweltaspekte dagegen nur teilweise (z.B. Mobilitätsverhalten der Beschäftigten, Belieferung durch Lieferanten).

Umweltzustand

Es wird die Umweltsituation zu einem bestimmten Zeitpunkt, nämlich etwa der Vergangenheit, Gegenwart oder Zukunft, beschrieben.

Umweltauswirkung

Jede positive oder negative Veränderung der Umwelt, die ganz oder teilweise aufgrund von Tätigkeiten, Produkten oder Dienstleistungen der Organisation eintritt und die sich durch Umweltaspekte ergibt.

Ziel

Ziel ist ein in der Zukunft liegender, im Allgemeinen veränderter, erstrebenswerter und angestrebter Zustand (Zielvorgabe).

Umweltziel

Ein sich aus der Umweltpolitik ergebendes und nach Möglichkeit zu quantifizierendes Gesamtziel, das sich eine Organisation gesetzt hat.

Verhindern von Umweltbelastungen

Um Emissionen oder die Freisetzung jeglicher Art von umweltbelastenden Hilfs-, Betriebs- und Rohstoffen oder Abfällen zu vermeiden, zu reduzieren oder zu überwachen, ist die Nutzung von Prozessen, Tätigkeiten, Techniken, Materialien, Produkten, Dienstleistungen oder Energie zu überprüfen. Dies kann durch effiziente Nutzung von Ressourcen, Material- und Energiesubstitution, Wiederverwendung, Rückgewinnung, Recycling, Sanierung oder Behandlung erfolgen.

Anforderung

Hierbei handelt es sich um ein Erfordernis, das von der Organisation eingegangen wird und einzuhalten ist.

Bindende Verpflichtungen

Zu den bindenden Verpflichtungen zählen sowohl rechtliche Vorgaben, die eine Organisation erfüllen muss, als auch andere Anforderungen, zu deren Einhaltung sich eine Organisation entschlossen hat.

Risiko

Mit Risiko wird die Wahrscheinlichkeit beschrieben, dass in der Organisation mögliche Umweltereignisse geschehen können, die im Vorhinein abzuschätzen und in ihren Folgen für die Organisation zu bestimmen sind.

Risiken und Chancen

Organisationen können entweder von potenziell ungünstigen Auswirkungen bedroht werden oder von potenziell günstigen Auswirkungen profitieren.

3.3 Begriffe in Verbindung mit Unterstützung und Betrieb

Kompetenz

Wissen und Fertigkeiten können von der Organisation gefördert werden, damit die Mitarbeiter/-innen Kompetenzen erwerben und beabsichtigte Ergebnisse besser erreicht werden können.

Dokumentierte Information

Die Organisation hat ihre Prozesse zu dokumentieren. Dies kann entweder durch ein Umweltmanagementhandbuch sowie Arbeits- und Verfahrensanweisungen oder durch Aufzeichnungen und andere Dokumente erfolgen, um nachzuweisen, dass sich die Organisation rechtsgültig verhält und mit den Anforderungen der DIN EN ISO 14001:2015 konform geht.

Lebensweg

Die Organisation soll den Weg ihres Produkts „von der Wiege bis zur Bahre" betrachten. Die Abschnitte des Lebenswegs umfassen Rohstoffbeschaffung, Entwicklung, Herstellung, Transport/Lieferung, Nutzung, Behandlung am Ende des Lebenswegs und die endgültige Beseitigung. Zu den einzelnen Produktlebenszyklus-Phasen sollte unter anderem geprüft werden, welche Ressourcen verarbeitet werden, ob Produkte, Produktteile oder Komponenten weiter- oder wiederverwendet bzw. wieder- oder weiterverwertet werden können und wie die Recyclingfähigkeit und Reparaturfreundlichkeit optimiert werden kann.

Ausgliedern

Teil einer Funktion oder eines Prozesses, der von einer externen Organisation übernommen wird.

Prozess

Ein Prozess setzt sich aus Aufgaben und Aktivitäten zusammen, die ausgeführt werden, um ein bestimmtes Ziel zu erreichen. Er transformiert Inputs wie Energie, Rohstoffe, Wasser sowie Hilfs-

und Betriebsstoffe zu Outputs einerseits in Form von Produkten und andererseits von zu beseitigenden Abprodukten wie Emissionen, Abwasser und Abfällen.

3.4 Begriffe in Verbindung mit Leistungsbewertung und Verbesserung

Audit

Ein Audit dient dazu, regelmäßig dokumentierte und systematische Informationen abzurufen, um die Effizienz des Managementsystems zu kontrollieren. Ein Audit ist häufig Teil des Umweltmanagements einer Organisation. Dabei wird geprüft, ob die bindenden Verpflichtungen und die DIN EN ISO 14001:2015 erfüllt werden und ob Übereinstimmung mit der eigenen Umweltpolitik besteht. Audits können Verbesserungspotenziale aufdecken.

Konformität

Die Organisation erfüllt in diesem Fall die Anforderungen des Managementsystems.

Nichtkonformität

Werden die Anforderungen nicht erfüllt, wird von Nichtkonformität gesprochen.

Korrekturmaßnahme

Um die Ursache einer Nichtkonformität zu beseitigen, sind Maßnahmen zum Verhindern des erneuten Auftretens einzuleiten.

Fortlaufende Verbesserung

Zur Bewertung der fortlaufenden Verbesserung der Umweltleistungen können die Umweltziele und die Kennzahlen herangezogen werden.

Wirksamkeit

Erfasst wird das Ausmaß, in dem geplante Tätigkeiten verwirklicht und geplante Ergebnisse erreicht werden.

Kennzahl

Mit ihr wird versucht, den Umweltzustand und die Umweltentwicklung in einer Organisation wiederzugeben. Kennzahlen sollen Grundlagen für korrekte organisatorische Entscheidungen liefern und diese objektiv überprüfbar machen.

Überwachung

Der Zustand eines Managementsystems, eines Prozesses oder einer Tätigkeit wird von der Organisation analysiert, bewertet und überwacht.

Messung

Im Rahmen eines Prozesses ist ein Wert zu bestimmen.

Leistung

Messbares Ergebnis

Umweltleistung

Mit ihr werden Ergebnisse bezogen auf die Umweltaspekte messbar gemacht. Im Zusammenhang mit Umweltmanagementsystemen können Ergebnisse an der Umweltpolitik der Organisation, den umweltbezogenen Zielen und weiteren umweltbezogenen Leistungsanforderungen gemessen werden.

4 Kontext der Organisation

Dieser Abschnitt wurde in der DIN EN ISO 14001:2015 neu aufgenommen.

4.1 Verstehen der Organisation und ihres Kontextes

Was steht in der Norm?

Organisationen haben externe und interne Themen zu ermitteln, die für sie relevant sein und sich auf die beabsichtigten Ergebnisse ihres Umweltmanagementsystems auswirken könnten. In **Anhang A.4** der DIN EN ISO 14001:2015 werden Beispiele für derartige Themen aufgeführt, die entweder das Handeln der Organisation beeinflussen oder durch ihre Umweltaspekte beeinflusst werden können:

a) Klima, Luftqualität, Wasserqualität, Bodennutzung, bestehende Kontamination, Verfügbarkeit natürlicher Ressourcen und Biodiversität
b) externe kulturelle, soziale, politische, gesetzliche, behördliche, finanzielle, technologische, wirtschaftliche, natürliche und wettbewerbliche Umstände, ob international, national, regional oder lokal
c) interne Merkmale oder Bedingungen einer Organisation, wie z.B. Tätigkeiten, Produkte und Dienstleistungen, strategische Ausrichtung, Kultur und Fähigkeiten (d.h. Personen, Wissen, Prozesse, Systeme)

Mit dieser erweiterten Betrachtungsweise wurde ein Perspektivwechsel vorgenommen, denn die Organisation soll sich erstmalig – quasi aus der Vogelperspektive – selbst evaluieren und die relevanten Themen in ihren internen und externen Wirkungen auf die Organisation bewerten.

Die Themenpalette ist dabei nicht nur auf die umweltpolitischen Aspekte beschränkt, sondern soll vielmehr auch andere Themen reflektieren, die ihrerseits zu Risiken und Chancen für die Organisation und das Umweltmanagementsystem werden können.

Was ist von Ihrer Organisation zu tun?

Von Ihrer Organisation sind die jeweils spezifischen Themen zu identifizieren, die für Ihre ökologischen, sozialen und wirtschaftlichen Aktivitäten von zentraler Bedeutung sein können.

Sie können fundierte Entscheidungen erst dann treffen, wenn Sie sich kontinuierlich über die Themen informieren, die in Gesellschaft, Politik und Wissenschaft erörtert werden und die Rückwirkungen auf Ihre Organisation haben können.

Zu den möglichen Themen zählen:

- **Wahrung der Menschenrechte**
  Ihre Organisation hat die Menschenrechte zu respektieren. Sie umfassen neben Bürger- und politischen Rechten auch wirtschaftliche, soziale und kulturelle Rechte. Dazu gehören etwa das Recht auf Gleichheit vor dem Gesetz und das Recht auf freie Meinungsäußerung, ebenso wie das Recht auf Arbeit, das Recht auf Nahrung, das Recht auf das jeweils erreichbare Höchstmaß an Gesundheit, das Recht auf Bildung und das Recht auf soziale Sicherheit.
- **Verstöße gegen Arbeitsbedingungen**
  Arbeitsbedingungen sind von Ihnen einzuhalten, das betrifft in erster Linie Arbeitsentgelte, sonstige Formen der Vergütung, die Festlegung von Arbeits- und Ruhezeiten, Urlaub, Disziplinar- und Entlassungspraktiken, Mutterschutz und Angelegenheiten des Wohlergehens, wie z.B. sicheres Trinkwasser, sanitäre Anlagen, Kantinen und Zugang zu Gesundheitsdienstleistungen.
- **Vermeidung von Umweltbelastungen**
  Ihre Organisation hat u.a. die Aufgabe, die Aspekte und Auswirkungen Ihrer Entscheidungen zu identifizieren und Maßnahmen einzuführen, um Umweltbelastungen zu vermeiden. Ebenso haben Sie ein Notfallmanagement aufzustellen, um Umweltunfälle zu vermeiden.
- **Korruptionsbekämpfung**
  Um möglichen Formen von Korruption vorzubeugen, sollten Sie Risiken ermitteln und organisatorische Vorgaben einführen und umsetzen, die der Korruption und Erpressung entgegenwirken. Ebenso ist das Bewusstsein für Korruption in Ihrer Organisation zu schärfen und ein angemessenes System zur Bekämpfung von Korruption zu schaffen und immer wieder zu stärken.
- **Verbraucherschutz**
  Zum Schutz von Gesundheit und Sicherheit Ihrer Konsu-

menten gehört das Angebot von Produkten und Dienstleistungen, die sicher sind und deren Nutzung oder Gebrauch kein unzumutbares Gefährdungsrisiko in sich bergen. Das Ansehen Ihrer Organisation kann unmittelbar davon beeinträchtigt werden, welche Auswirkungen auf die Gesundheit und Sicherheit der Konsumenten von Ihren Produkten und Dienstleistungen ausgehen.

- **Einbindung in die Region**
  Ihre regionale Einbindung zielt darauf ab, Partnerschaften mit örtlichen Organisationen und Anspruchsgruppen zu pflegen. Ihre Organisation leistet einen Beitrag für die jeweilige Region, indem sie sich an gesellschaftlichen Institutionen beteiligt und diese unterstützt sowie sich in Netzwerken von Gruppen und Einzelpersonen, die die Zivilgesellschaft bilden, engagiert.

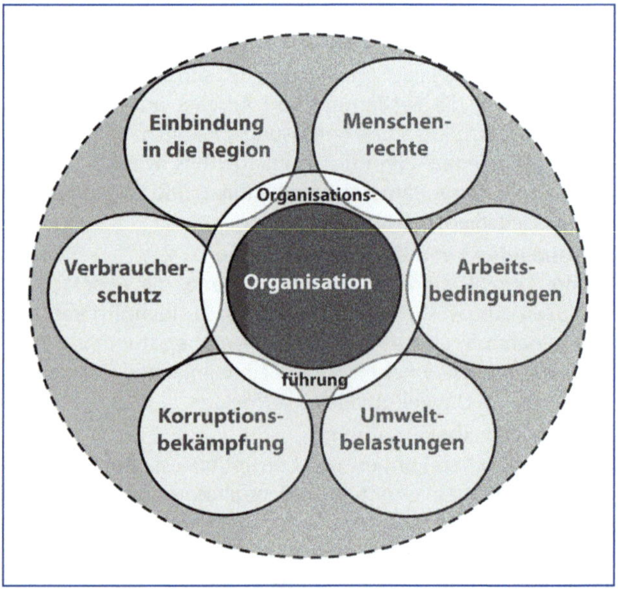

Abb. 5: Themen zum Verstehen der Organisation

Quelle: in Anlehnung an DIN ISO 26000:2011, S. 37

Wie lässt sich die DIN EN ISO 14001:2015 in der Praxis umsetzen?

Sie sollten in Ihrer Organisation eine **bereichsübergreifende Arbeitsgruppe** mit Mitarbeiterinnen und Mitarbeitern zusammenstellen, die die relevanten Themen in einem Workshop aufbereiten. Als Methode würde sich hier das Mindmapping anbieten.

Praxisbeispiel: Umgang mit Risiken

„Risiken einzugehen, ist ein Teil unseres Geschäftsmodells. Über unsere Werte verpflichten wir uns dazu, nicht nur das gesetzlich Erlaubte, sondern auch das Richtige zu tun. Deshalb berücksichtigen wir neben der Bewertung traditioneller Finanzrisiken auch Risiken, die negative Auswirkungen auf die Umwelt oder die Zivilgesellschaft mit sich bringen können.

Umwelt- und Sozialrisiken (ES-Risiken) sind vielfältig und komplex. Sie reichen von Umweltverschmutzung und Artengefährdung über den Verlust von Landrechten bis hin zur Missachtung von Menschen- und Arbeitsrechten. Für eine umfassende Bewertung potenzieller ES-Risiken halten wir daher Einzelfallprüfungen, die sich auf ein tiefgreifendes Verständnis der jeweiligen sozioökonomischen und ökologischen Situation stützen, für unerlässlich.

Deshalb entscheiden wir über jede risikobehaftete Transaktion individuell. Eine Ausnahme bilden Transaktionen, die in Zusammenhang mit Streumunition stehen. Hierfür haben wir verbindliche Ausschlusskriterien definiert. Wir haben zahlreiche Sektoren bestimmt, die aufgrund der Art ihrer Aktivität erhöhte ES-Risiken aufweisen.

Dazu zählen:

- Raumfahrt und Verteidigung
- Chemie
- Metallverarbeitung und Bergbau
- Öl und Gas
- Agrarindustrie, inkl. Zellstoff- und Papierherstellung
- Versorgungsbereich
- andere CO_2-intensive Bereiche

In diesen Sektoren ermitteln wir Themen, die ein gezieltes Management von ES-Risiken erfordern. Sie werden in unserem ES-Rahmenwerk thematisiert. Interne Leitlinien unterstützen unsere Mitarbeiter bei der Beurteilung dieser Sachverhalte."

Quelle: Deutsche Bank (2016): Unternehmerische Verantwortung. Bericht 2015. Leistung aus Leidenschaft, S. 32 ff. Deutsche Bank Aktiengesellschaft, Taunusanlage 12, 60262 Frankfurt a.M.

4.2 Verstehen der Erfordernisse und Erwartungen interessierter Parteien

Was steht in der Norm?

Die Organisation hat

- die interessierten Parteien, die für ihr Umweltmanagementsystem relevant sind, zu ermitteln und zu bestimmen,
- die relevanten Erfordernisse und Erwartungen (d.h. Anforderungen) dieser interessierten Parteien zusammenzustellen und
- zu prüfen, welche dieser Erfordernisse und Erwartungen für sie zu bindenden Verpflichtungen werden.

Diese Ausführungen sind gegenüber der alten DIN EN ISO 14001 eine wesentliche Erweiterung, weil die Organisation die interessierten Parteien zu bestimmen und sich mit ihren Anforderungen auseinanderzusetzen hat.

Was ist von Ihrer Organisation zu tun?

Der Grundsatz lautet: Ihre Organisation sollte die Ansprüche ihrer interessierten Parteien (Stakeholder) analysieren, verstehen und ihnen gerecht werden.

Interessierte Parteien

Zu den interessierten Parteien zählen alle internen und externen Personengruppen, die von den unternehmerischen Tätigkeiten Ihrer Organisation gegenwärtig oder in Zukunft direkt oder indirekt betroffen sind:

- Eigentümer
- Kapitalgeber (Banken, Aktionäre, Versicherungen)
- Kunden
- Lieferanten
- Konkurrenten
- Verbraucher/-innen
- Mitarbeiter/-innen
- Gewerkschaften
- Behörden,
- Nichtregierungsorganisationen
- Medien
- Umweltverbände

Deshalb sollte Ihre Organisation

- Ihre möglichen interessierten Parteien identifizieren,
- die Interessen und Rechtsansprüche Ihrer interessierten Parteien anerkennen und gebührend berücksichtigen sowie auf deren vorgebrachte Anliegen reagieren,
- anerkennen, dass manche interessierte Parteien die Aktivitäten der Organisation erheblich beeinträchtigen können,
- die unterschiedlichen Fähigkeiten der interessierten Parteien ermitteln, mit diesen in Kontakt treten und – wenn möglich – zusammenzuarbeiten,
- berücksichtigen, welche gesellschaftlichen, umweltpolitischen und sozialen Erwartungen von Ihren interessierten Parteien gestellt werden, und
- die Auffassungen derjenigen interessierten Parteien berücksichtigen, deren Interessen mit großer Wahrscheinlichkeit von den Entscheidungen oder Aktivitäten Ihrer Organisation betroffen sind.

Abschließend müssen Sie prüfen, inwieweit die Erwartungen von spezifischen Verpflichtungen (Gesetzen, Vorschriften oder Genehmigungen, Lizenzen, Bewilligungen, behördlichen Verfügungen oder Gerichtsurteilen) abhängig sind bzw. mit ihnen kompatibel sein müssen.

Wie lässt sich die DIN EN ISO 14001:2015 in der Praxis umsetzen?

Sie sollten einen **Stakeholder-Workshop** einberufen, der der Ermittlung und Analyse möglicher Anforderungen dient. Dabei sollten Sie versuchen, möglichst alle relevanten Stakeholder zusammenzubringen, um Anforderungen aufzunehmen und zu diskutieren.

Am Workshop sollten nicht mehr als 25 Personen beteiligt sein, die Dauer sollte maximal einen Tag betragen. Ein Moderator sollte sich darauf vorbereiten und den Workshop leiten.

Zu beachten ist bei dieser Methode, dass es leider häufig nicht möglich sein wird, alle relevanten Stakeholder zu einem Termin an einem Ort zusammenzubringen. Des Weiteren sollte darauf geachtet werden, dass alle Stakeholder die gleichen Chancen bekommen, sich einzubringen. Hierzu sollten Moderator und unterstützende Personen beachten, dass bestehende Hierarchiestrukturen und persönliche Eigenschaften wie Redegewandtheit oder Schüchternheit die Teilnehmer beeinflussen können.

Bedeutung und Funktion von Stakeholdern

„Stakeholder werden immer mächtiger. Sie haben mitunter wirksame Sanktionsmaßnahmen, um Unternehmen zu bestimmten Aktionen zu bewegen. (...). So steigt der Druck auf die Unternehmen. Folgende Hintergrundentwicklungen sind für diesen Machtgewinn der Stakeholder mitverantwortlich:

1. Durch die Globalisierung rücken die Unternehmen immer mehr zusammen.
2. Der Wettbewerb um neue Märkte, aber auch um Kapital und Mitarbeiter verstärkt sich. (...) Um hier eine gute Position zu haben, muss bewusster mit den Stakeholdern umgegangen werden.

3. Das Internet und andere Medien ermöglichen den anspruchsvoller werdenden Konsumenten eine bessere Information über und Reaktion auf Unternehmensaktivitäten. Im digitalen Zeitalter von Social Media stellen diese Möglichkeiten für Unternehmen aber nicht nur eine Chance zur verbesserten Kundeninteraktion dar, sondern bergen auch ein hohes Gefahrenpotenzial. Beispielsweisze erlitt das Energieunternehmen BP plc im Jahre 2010 im Rahmen des ,Deepwater Horizon-Skandals' insbesondere durch den Informationsaustausch in der Blogosphäre einen enormen Imageverlust. (...)
4. Immer wieder wird der Einfluss von Unternehmen auf die Umwelt deutlich. Auf die negativen Einflüsse reagieren insbesondere unabhängige Gruppen, die mit wachsendem Umweltbewusstsein in der Bevölkerung immer bedeutsamer werden und immer mehr Druck ausüben können.
5. Dieser Druck kann mitunter auch indirekt erfolgen, z.B. über die institutionellen Investoren als ,verwundbarer Nerv' des Unternehmens.
   Ein Beispiel hierfür sind die Drohungen gegen die Fondsmanager von Phillips & Drew, den einzigen Großinvestor von Huntingdon Life Sciences, einer Pharma-Firma, die durch Tierversuche in die Kritik geraten war. Diese Drohungen führten – nach Aussagen der Manager ,unter anderem' zum Verkauf von Unternehmensanteilen und einem starken Rückgang der Umsätze von Huntingdon. (...)
6. Mitarbeiter erkennen zunehmend ihre Bedeutung für Unternehmen und werden ,anspruchsvoller'. Entsprechende Mitarbeiterorganisationen, z. B. Gewerkschaften oder Mitarbeiter-Aktivitäten, wie Streiks, können das Unternehmensgeschehen empfindlich beeinflussen (...). Höhere Fluktuation als der Wettbewerb oder Schwierigkeiten auf dem Recruitment-Markt können den Erfolg des Unternehmens empfindlich beeinträchtigen.
7. Von Seiten vieler Regierungen wächst der Druck auf Unternehmen, sich sozial konform zu verhalten (z.B. beim Abbau von Arbeitsplätzen). (...) Beispielsweise ist die andauernde Diskussion über die staatliche Regulation und Deckelung von Managergehältern in Deutschland ein Zeichen dieses Druckes. (...)
8. Die Anspruchsgruppe der Fonds-Manager gewinnt an Bedeutung: Zunehmend managen professionelle Fondsmanager die Anlagen von (Klein-)Investoren. Sie stellen einen wichtigen Multiplikator dar und sind daher zentral für das Unternehmen. Um eine gute Position bei dieser Stakeholder-Gruppe zu haben, müssen Unternehmen den wachsenden Ansprüchen an die Performance und an die Berichterstattung genügen."

Quelle: Tomczak, Torsten/Kernstock, Joachim (2014): Anspruchsgruppen identifizieren und als Maßstab nutzen. In: Esch, Franz-Rudolf/Tomczak, Torsten/Kernstock, Joachim/Langner, Tobias/ Redler, Jörn (Hrsg.), Corporate Brand Management. Wiesbaden: Springer Gabler, S. 28 f.

Praxisbeispiel: Stakeholderengagement

„Die BMW Group führt an allen Standorten und in den relevanten Märkten einen kontinuierlichen Dialog mit ihren Stakeholdern. Unser Ziel ist es, Trends frühzeitig zu erkennen und in unseren Strategieprozess einfließen zu lassen. Im Austausch mit unseren Stakeholdern lassen sich nicht alle Meinungsverschiedenheiten bereinigen, aber beide Seiten bekommen ein besseres Verständnis für die Sichtweisen des anderen.

Als global tätiges Unternehmen mit einer komplexen Wertschöpfungskette nehmen wir sowohl durch unsere Produktion als auch durch unsere Produkte Einfluss auf Umwelt und Gesellschaft. Wenn wir die Positionen unserer Stakeholder kennen und gleichzeitig unsere Handlungsspielräume in sozialen Belangen und Umweltfragen erläutern, können wir die Akzeptanz unserer Aktivitäten und Entscheidungen erhöhen.

Nichtsdestotrotz bleiben bestimmte Konfliktpotenziale unverändert bestehen. Die Dialoge zeigen, dass die Positionen einzelner Stakeholder und der BMW Group zu bestimmten Fragen der Mobilität unverändert auseinandergehen. Stakeholderdialoge erlauben uns außerdem bei marktrelevanten Themen wie zum Beispiel der Einführung von Elektromobilität, die Marktsituation zu analysieren und wichtige Botschaften vorab bei Multiplikatoren zu platzieren.

Wir möchten die unterschiedlichen Perspektiven unserer Stakeholder verstehen und ihnen adäquat begegnen. Gleichzeitig stellen wir transparent dar, welche Erwartungen an uns geknüpft werden können. Im Dialog mit den Anspruchsgruppen wollen wir Vertrauen aufbauen und Partnerschaften vertiefen. Daher ist es wichtig, das Stakeholderengagement weltweit auf eine einheitliche Strategie auszurichten.

Basis für den kontinuierlichen Austausch bildet unsere Stakeholderengagement-Policy. Sie definiert die Ziele des Dialogs, legt die Kriterien zur Identifikation und Priorisierung unserer Stakeholder fest und gibt eine Auswahl geeigneter Dialogformate und Kommunikationsformen vor.

Ein Grundpfeiler des Dialogs ist zunächst die kontinuierliche und systematische Identifizierung und Priorisierung der Stakeholder. Zu diesem Zweck führen wir ein regelmäßiges Stakeholdermapping zu strategisch wichtigen Themen an allen relevanten Standorten durch.

Der Austausch mit den Anspruchsgruppen wird durch die Entwicklung verschiedener Dialogformate vorangetrieben. Unsere Tochtergesellschaften, unsere politischen Büros in den Märkten und unsere Werksstandorte tauschen sich regelmäßig mit lokalen Stakeholdern zu standortrelevanten Themen aus. Die Fachbereiche stehen über verschiedene Gremien und Kanäle in direktem Austausch mit relevanten Stakeholdern.

Grundsätzlich ist es unser Ziel, sowohl in Europa als auch in Asien und in Nordamerika jeweils einen Multi-Stakeholderdialog pro Jahr zu veranstalten. Bei diesen Stakeholderdialogen legen wir Themen nach Aktualität fest. Im Jahr 2014 führten wir beispielsweise Stakeholderdialoge zu den Themen Elektromobilität, Mobilitätsdienstleistungen und zum Führungsanspruch der BMW Group im Bereich Nachhaltigkeit durch."

Quelle: BMW Group (2015): Sustainable Value Report 2014, S. 18. BMW Group, Petuelring 130, 80788 München

Praxisbeispiel: Stakeholderdialog

„Gleichzeitig nutzt das Unternehmen den Stakeholderdialog, um über die Auswirkungen des eigenen Handelns auf Mensch und Umwelt Auskunft zu geben und Rechenschaft abzulegen. Dazu findet das Gespräch in der Regel direkt zwischen der Miele-Fachabteilung und der jeweiligen Interessensgruppe statt.

Grundsätzlich verantwortlich für das Stakeholder-Management ist die Abteilung Presse- und Öffentlichkeitsarbeit. Hier werden die meisten Anfragen und Ansprüche aus Deutschland und einzelne auch aus dem Ausland aufgenommen, beantwortet und ausgewertet. An den internationalen Standorten wird der Stakeholderdialog durch die Leiter der Vertriebsgesellschaften gesteuert, immer in enger Abstimmung mit der Geschäftsleitung.

Miele steht mit all jenen Stakeholdergruppen regelmäßig im Austausch, die durch die Geschäftstätigkeit des Unternehmens beeinflusst werden oder die ihrerseits das Unternehmen Miele beeinflussen können. Dieser Dialog umfasst Mitarbeiter, Kunden und Geschäftspartner genauso wie Verbände und Interessengruppen, Wissenschaft und Forschung, die allgemeine Öffentlichkeit sowie Politik und Gesetzgebung.

Zusätzlich werden im Rahmen des jährlichen Strategiereviews und zur Vorbereitung des Nachhaltigkeitsberichtes Stakeholderbefragungen durchgeführt.

Zur Gestaltung der ersten Stakeholderbefragung im Jahr 2009 hat Miele eine Stakeholder-Datenbank angelegt, die seither fortlaufend aktualisiert wird. Kontaktaufnahme und -pflege sollen und werden keinesfalls eingleisig geführt. Mitarbeiter und Geschäftsführung stehen aktiv in der Kommunikation und stehen als Ansprechpartner zur Verfügung."

Quelle: Miele & Cie. KG (2015): Nachhaltigkeitsbericht 2015, S. 18.
Miele & Cie. KG, Carl-Miele-Straße 29, 33332 Gütersloh

4.3 Festlegen des Anwendungsbereichs des Umweltmanagementsystems

Was steht in der Norm?

Die Organisation muss die Grenzen und die Anwendbarkeit ihres Umweltmanagementsystems bestimmen, um dessen Anwendungsbereich festzulegen.

Bei der Festlegung des Anwendungsbereichs muss die Organisation

- die externen und internen Themen,
- die vorgegebenen Verpflichtungen,
- ihre Organisationseinheiten und
- ihre Tätigkeiten, Produkte und Dienstleistungen

berücksichtigen.

Wie schon bislang muss der Anwendungsbereich als dokumentierte Information aufrechterhalten werden. Die Informationen müssen auch interessierten Parteien zur Verfügung gestellt werden; dies ist eine Neuerung gegenüber der vorherigen Version.

Was ist von Ihrer Organisation zu tun?

Sie können Ihre verschiedenen Schritte bei der Festlegung des Anwendungsbereichs schriftlich in einem Umweltmanagementhandbuch niederlegen, obwohl dies in der DIN EN ISO 14001:2015 nicht vorgeschrieben wird. Die Abfassung eines Umweltmanagementhandbuchs hat sich aber als praktikabel erwiesen.

4.4 Umweltmanagementsystem

Was steht in der Norm?

Um die Umweltleistungen zu verbessern, muss die Organisation ein Umweltmanagementsystem aufbauen, verwirklichen, aufrechterhalten und fortlaufend verbessern, einschließlich der benötigten Prozesse und ihrer Wechselwirkungen.

Die Organisation muss das nach Abschnitt 4.1 und 4.2 gewonnene Wissen berücksichtigen, wenn sie das Umweltmanagementsystem aufbaut und aufrechterhält.

Was ist von Ihrer Organisation zu tun?

In der DIN EN ISO 14001:2015 ist nicht zwingend vorgeschrieben, wie ein Umweltmanagement auszusehen hat. In der Realität haben Sie deshalb verschiedenen Möglichkeiten, Ihr Umweltmanagement aufzubauen.

Ihre Organisation will durch eine systematische Lenkung von Abläufen ihre umweltbezogenen Ziele ermitteln, bewerten und Schwachstellen beseitigen. Durch aktive Beteiligung der Mitarbeiter und Mitarbeiterinnen wird eine kontinuierliche Verbesserung erzielt.

Weitere Ziele sind, intern und extern über die Umweltaspekte zu informieren, das Umweltmanagementsystem aufrechtzuerhalten sowie den Arbeits- und Gesundheitsschutz (sofern umweltrelevante Aspekte tangiert werden) zu fördern. Durch Notfall- und Vorsorgemaßnahmen wird auf umweltbedingte Geschehnisse vorbeugend und schnell reagiert.

Wie lässt sich die DIN EN ISO 14001:2015 in der Praxis umsetzen?

In der Praxis gibt es verschiedene Modelle, wie ein Umweltmanagement aufgebaut werden kann. Im Folgenden werden einige Beispiele vorgestellt, wie Organisationen unterschiedlicher Größe ihr Umweltmanagement strukturiert haben.

Praxisbeispiel: Stadtwerke Ulm/Neu-Ulm

„Bei der Stadtwerke Ulm/Neu-Ulm GmbH (SWU) ist „der betriebliche Umweltschutz seit 2013 direkt bei der Geschäftsführung Holding in der Stabsstelle GH-ZS (Zentrale Steuerung) angesiedelt. Neben dem Umweltschutz sind die Themenfelder Arbeitssicherheit, IT-Sicherheit und Prozessmanagement bei der Stabsstelle organisiert. Die Gesamtverantwortung für das Umweltmanagementsystem obliegt der Geschäftsführung.

Die Eignung und Wirksamkeit des Umweltmanagementsystems wird, neben der Regelkommunikation zwischen dem Managementbeauftragten und der Geschäftsführung, in der jährlich stattfindenden Managementbewertung durch die Geschäftsführung evaluiert.

Die Verwirklichung, Aufrechterhaltung und Verbesserung des Umweltmanagementsystems wird hauptsächlich durch den Managementbeauftragten sichergestellt. Neben der Weiterentwicklung der Methoden hat er insbesondere die Aufgaben der Überwachung, Beratung und Information. Dies findet im Rahmen interner und externer Audits sowie einer Vielzahl an direkten Gesprächen, Informationsveranstaltungen und Terminen statt.

Mit Leben gefüllt wird das Umweltmanagementsystem durch das Engagement der Führungskräfte und aller Mitarbeiter. Sie meistern die anspruchsvolle Aufgabe, alle Anforderungen aus rechtlichen Verpflichtungen und internen Regelungen im Betriebsalltag jederzeit einzuhalten."

Quelle: Stadtwerke Ulm/Neu-Ulm GmbH (2014): SWU Umweltbericht 2014, S. 16.
Stadtwerke Ulm/Neu-Ulm GmbH, Karlstraße 1–3, 89073 Ulm

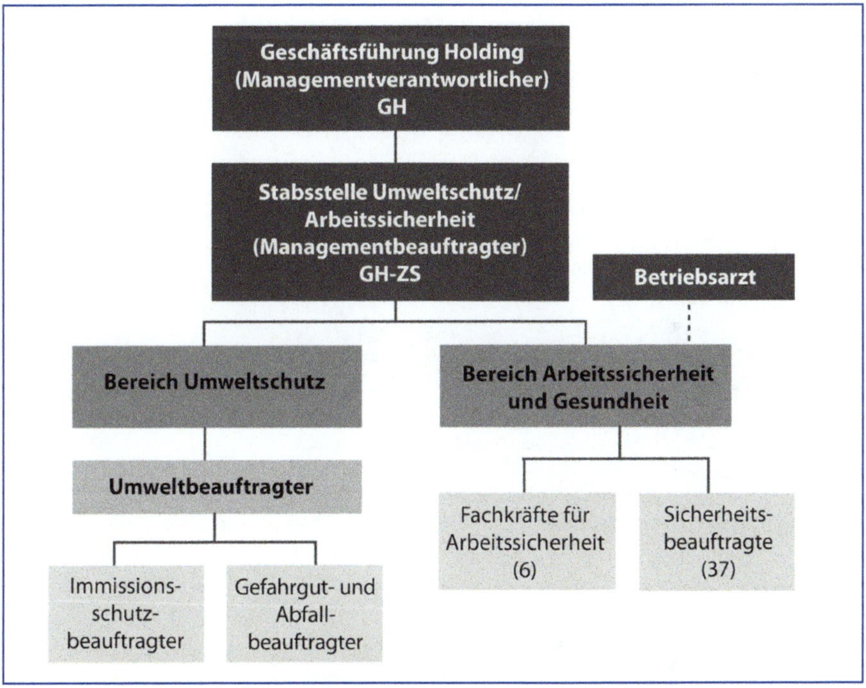

Abb. 6: Umweltmanagement mit Stabsstelle

Praxisbeispiel: Ensinger Mineral-Heilquellen GmbH

„Die Geschäftsführung trägt die Verantwortung für die Einhaltung der rechtlichen Vorgaben. Sie wird unterstützt durch spezifische Gremien, Beauftragte und die Linienverantwortlichen.

Im Gesundheitszirkel sind ein Geschäftsführer, die Personalleitung, eine Vertrauensperson, der Managementbeauftragte sowie ein Vertreter der Krankenkasse und der Berufsgenossenschaft vertreten. Der Gesundheitszirkel trifft sich halbjährlich. Themenschwerpunkt ist die kontinuierliche Verbesserung des betrieblichen Gesundheitsmanagements.

Im Arbeitsschutzausschuss ist ein Geschäftsführer, der Betriebsarzt, der Managementbeauftragte als Fachkraft für Arbeitssicherheit, die Sicherheitsbeauftragten und der Betriebsleiter vertreten. Der Ausschuss trifft sich vierteljährlich. Themenschwerpunkt ist die kontinuierliche Verbesserung des Arbeitsschutzes.

Der Ensinger Umweltzirkel ist ein Gremium, das aus einem der Geschäftsführer, dem Managementbeauftragten, dem Abfallbeauftragten, dem Betriebsleiter, dem technischen Revisor, dem Einkauf und der Verwaltung besteht. Hierbei werden monatlich die betrieblichen Umweltleistungen besprochen und weitere Umweltinformationen ausgetauscht. In regelmäßigen Betriebsbegehungen wird geprüft, ob der Betriebszustand den Leitlinien der Managementpolitik entspricht.

Die EVA-Besprechungen (EVA = Ensinger-Verbesserungs-Ablauf) werden in allen Abteilungen durchgeführt. Monatlich werden Informationen des Managementsystems (Umwelt, Qualität, Arbeits- und Gesundheitsschutz) ausgetauscht. Die EVA- Besprechungen fördern den kontinuierlichen Verbesserungsprozess aller Unternehmensaktivitäten.

Die Sicherstellung der Einhaltung der Gesetze erfolgt einerseits anhand interner Auswertungen der Aktualisierungsdienste (Verbandsinformationen, Newsletter und Netzwerke) und andererseits durch Begutachtung der rechtlichen Änderungen durch einen externen Berater, der die für uns relevanten Gesetzesänderungen dem Umweltzirkel schriftlich übermittelt.

Der Managementbeauftragte ist für die Aufrechterhaltung und Weiterentwicklung des Managementsystems verantwortlich."

Quelle: Ensinger Mineral-Heilquellen GmbH (2014): Ensinger übernimmt Verantwortung. Erweiterte Umwelterklärung 2014, S. 15. Ensinger Mineral-Heilquellen GmbH, Horrheimer Straße 28–36, 71665 Vaihingen-Ensingen

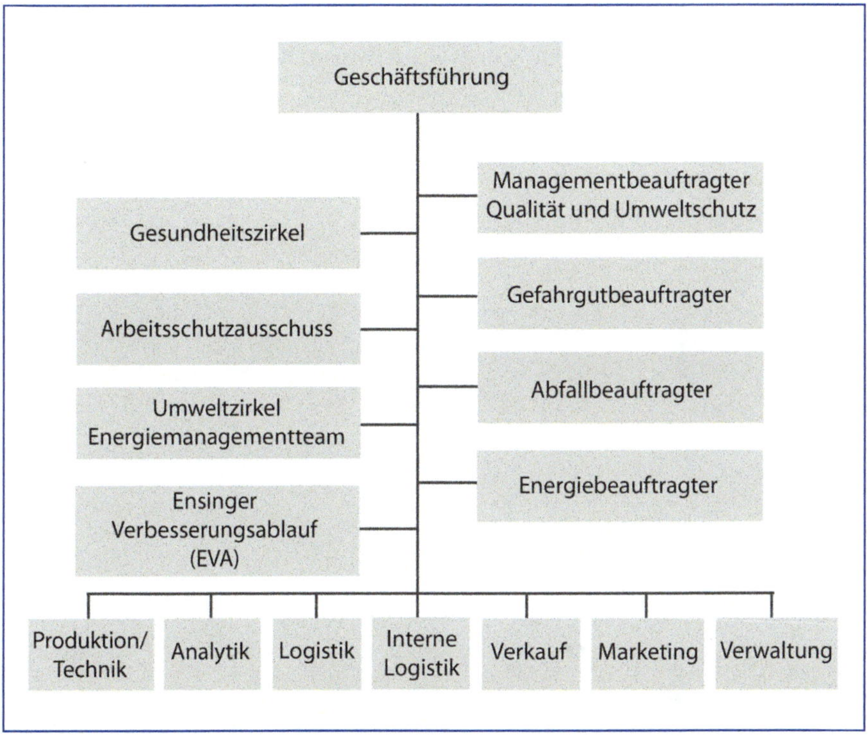

Abb. 7: Umweltmanagement in Linienfunktion

5 Führung

Dieser Abschnitt wurde in der DIN EN ISO 14001:2015 neu aufgenommen.

5.1 Führung und Verpflichtung

Was steht in der Norm?

In der neuen Version der DIN EN ISO 14001 wird der obersten Leitung eine besondere Verantwortung in Bezug auf das Umweltmanagementsystem zugewiesen, indem sie

a) „die Rechenschaftspflicht für die Wirksamkeit des Umweltmanagementsystems übernimmt;
b) sicherstellt, dass die Umweltpolitik und die Umweltziele festgelegt und mit der strategischen Ausrichtung und dem Kontext der Organisation vereinbar sind;
c) sicherstellt, dass die Anforderungen des Umweltmanagementsystems in die Geschäftsprozesse der Organisation integriert werden;
d) sicherstellt, dass die für das Umweltmanagementsystem erforderlichen Ressourcen zur Verfügung stehen;
e) die Bedeutung eines wirksamen Umweltmanagements sowie die Wichtigkeit der Erfüllung der Anforderungen des Umweltmanagementsystems vermittelt;
f) sicherstellt, dass das Umweltmanagementsystem seine beabsichtigten Ergebnisse erzielt;
g) Personen anleitet und unterstützt, damit diese zur Wirksamkeit des Umweltmanagementsystems beitragen;
h) fortlaufende Verbesserung fördert;
i) andere relevante Führungskräfte unterstützt, um deren Führungsrolle im jeweiligen Verantwortungsbereich deutlich zu machen."

Was ist von Ihrer Organisation zu tun?

In Ihrer Organisation können zwar bestimmte in der Norm aufgeführte Aufgaben an Verantwortliche delegiert werden, doch letztlich trägt die oberste Leitung die Gesamtverantwortung. Sie als oberste Leitung übernehmen die Rechenschaftspflicht über die effektive Umsetzung und Realisierung des Umweltmanagements, fördern deren fortlaufende Verbesserung und unterstützen Ihre Führungskräfte in deren Führungsrolle für einzelne Verantwortungsbereiche im Rahmen des Umweltmanagements.

Wie lässt sich die DIN EN ISO 14001:2015 in der Praxis umsetzen?

Übernahmen von Verantwortung

„Die Gesamtverantwortung für den betrieblichen Umweltschutz trägt die Geschäftsführung. Der Geschäftsführer Produktion und Einkauf ist der Umweltmanagementbeauftragte. Definierte Teilaufgaben sind an Mitarbeiter delegiert worden, wobei die Durchführungsverantwortung und die Kontrolle bei den Linienverantwortlichen verbleibt."

Quelle: Henkell & Co. Sektkellerei KG (2014): Umweltbericht 2014, S. 9.
Henkell & Co. Sektkellerei KG, Biebricher Allee 142, 65187 Wiesbaden

Umweltschutz als Chefsache

„Umweltschutz ist bei uns Chefsache; so wird mindestens einmal jährlich das Managementsystem durch die Geschäftsleitung bewertet, um auf diesem Wege die kontinuierlichen Verbesserung des Umweltschutzes in unserem Hause voranzutreiben. Der KVP richtet sich nach folgendem Prozessbild."

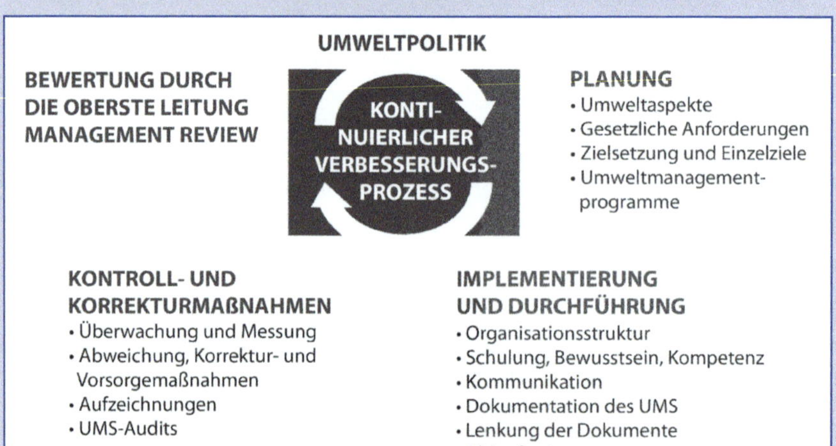

Abb. 8: Umweltschutz als Chefsache

Quelle: TRIES GmbH & Co. KG (2014): Umweltbericht 2014, S. 13.
TRIES GmbH & Co. KG, Röntgenstraße 10, 89584 Ehingen

5.2 Umweltpolitik

Was steht in der Norm?

Die oberste Leitung muss eine Umweltpolitik festlegen, verwirklichen und aufrechterhalten, die

a) Art, Umfang und Umweltauswirkungen ihrer Tätigkeiten, Produkte und Dienstleistungen erfasst,
b) Umweltziele festlegt,
c) den Schutz der Umwelt – einschließlich dem Verhindern von Umweltbelastungen – gewährleistet,
d) vorsieht, die rechtlichen Verpflichtung einzuhalten, und
e) eine Verpflichtung enthält, das Umweltmanagementsystem kontinuierlich anzupassen, um die Umweltleistungen zu verbessern.

Die Umweltpolitik muss in dokumentierter Form vorliegen, in der Organisation bekannt gemacht werden und für die interessierten Parteien verfügbar sein.

Was ist von Ihrer Organisation zu tun?

Durch die Umweltpolitik setzt sich Ihre Organisation einen umweltpolitischen Rahmen, der verbindlich für alle Entscheidungen an den Standorten gilt. Alle Tätigkeiten, Produkte und Dienstleistungen werden kontinuierlich auf ihre direkten und indirekten Umweltauswirkungen überprüft, wobei lokale und globale Umweltaspekte mit einbezogen werden.

Unter aktiver Beteiligung der Beschäftigten werden Umweltziele erarbeitet und Ihnen als der obersten Leitung zur Entscheidung empfohlen.

Ihre Organisation hat sich zu verpflichten, alle auf sie zutreffenden Gesetze und Vorschriften zum Umwelt-, Arbeits- und Gesundheitsschutz einzuhalten sowie Gesetzesänderungen kontinuierlich zu bewerten und zu überprüfen, um ihr Management daran anzupassen.

Ihre Organisation erarbeitet einen Rahmen für umweltbezogene Zielsetzungen, bewertet diesen und leitet daraus Einzelziele ab. Die oberste Leitung prüft, ergänzt oder korrigiert diesen und unterzieht ihn einer Bewertung. Die einzelnen Abteilungsleiter sind dann verpflichtet, Ressourcen bereitzustellen und Sorge dafür zu tragen, dass die Ziele und Programme unter Einbeziehung ihrer Mitarbeiterinnen und Mitarbeiter und der für das Umweltmanagementsystem verantwortlichen Person(en) umgesetzt werden.

Zur detaillierten Vorgehensweise siehe Abschnitt 6 „Planung" und Abschnitt 9 „Bewertung der Leistung".

Durch solch ein systematisches Vorgehen wird Ihre Organisation ihre Umweltleistungen kontinuierlich verbessern.

Wie lässt sich die DIN EN ISO 14001:2015 in der Praxis umsetzen?

Im Folgenden werden Ihnen einzelne Beispiele von Umweltpolitiken vorgestellt, an denen Sie sich bei der Verabschiedung Ihrer eigenen Umweltpolitik orientieren können.

Praxisbeispiel: Umweltpolitik eines Unternehmens der chemischen Industrie

„Im Unternehmensalltag werden oftmals Kompromisse eingegangen, um kurzfristige Ziele zu erreichen, doch die langfristige Zielrichtung ist klar: unsere natürliche Umwelt mit den existenziellen Ressourcen Luft, Wasser und Boden gilt es zu schützen und zu erhalten.

1. Als deutsches Unternehmen der Chemiebranche stehen wir für unsere Verantwortung zum Schutz von Mensch und Umwelt. Alle relevanten national und international geltenden Gesetze und Vorschriften des Umweltrechts sind für jeden Mitarbeiter verpflichtend einzuhalten.
2. Wir verzichten aus Überzeugung auf den Einsatz von besonders gesundheitsschädlichen und gefährlichen Stoffen und tauschen diese, sofern technisch möglich, aus.
3. Wir entwickeln moderne Produkte unter dem Aspekt der emissionsarmen Produktion und Weiterverarbeitung.
4. Verantwortungsvoller und schonender Umgang mit natürlichen Ressourcen wie Energie und Rohstoffen ist bei Marabu selbstverständlich. Regenerative Energien werden endlichen bevorzugt genauso wie Hölzer aus einer nachhaltigen Waldbewirtschaftung.
5. Ökonomie und Ökologie schließen soziales Verhalten nicht aus, sondern ergänzen einander. Der betriebliche Umweltschutz ist im wirtschaftlichen Prozess integriert.

6. Das Umweltmanagement und die Umweltperformance von Marabu werden kontinuierlich verbessert.
7. Investitionen in modernste Anlagen werden auch unter schwankenden Marktbedingungen fortwährend getätigt.
8. Aktiver Beitrag und die Teilnahme in Verbänden der chemischen Industrie zu den Themen Qualität, Sicherheit und betrieblicher Umweltschutz sind für Marabu ein wichtiger Baustein im umfassenden Engagement zum Schutz der Mitarbeiter und der Umwelt.
9. Den hohen Anspruch, den wir an uns stellen, erwarten wir auch von unseren Lieferanten."

Quelle: Marabu GmbH & Co. KG (2014): Marabu Umweltbericht 2014. Standort Bietigheim-Bissingen, S. 5.
Marabu GmbH & Co. KG, Asperger Straße 4, 71732 Tamm

Praxisbeispiel: Umweltpolitik eines Dienstleistungsunternehmens

„Die folgenden Umweltleitlinien sind Ausdruck der gesellschaftlichen Verantwortung unseres Unternehmens und bilden die Grundlage unseres Umweltmanagements. Lufthansa CityLine überprüft die Leitlinien regelmäßig und schreibt sie entsprechend der Entwicklung von Forschung und Technik sowie der gesellschaftlichen Diskussionen fort. (...)

- Die Verpflichtung zur Schonung der Umwelt ist Ausdruck unserer unternehmerischen Verantwortung. Deshalb gehört die Umweltvorsorge zu den wichtigen Unternehmenszielen von Lufthansa CityLine. Den Ansprüchen unserer Mitarbeiter und Kunden an Umweltverträglichkeit, Wirtschaftlichkeit, Sicherheit, Qualität, Service und Komfort wollen wir hierbei in gleicher Weise gerecht werden.
- Nachhaltiges Wirtschaften bedeutet, Energie und Rohstoffe so sparsam wie möglich einzusetzen und erneuerbare Ressourcen sinnvoll zu nutzen. Wir vermeiden Umweltbelastungen wie Emissionen, Lärm, Abfall und Abwasser wann immer es geht, und halten sie gering, wenn sie nicht zu vermeiden sind. Unser Umweltmanagementsystem gewährleistet hierbei die Planung und Umsetzung unserer Umweltziele.
- Wir halten Umweltgesetze, Verordnungen und Vorschriften ein. Wir wollen aber mehr tun und im Rahmen unserer wirtschaftlichen Möglichkeiten die beste verfügbare Technik einsetzen, um negative Auswirkungen unserer Tätigkeit auf die Umwelt stetig zu verringern. Ein eigenes Umweltmanagementsystem gewährleistet dabei Planung und Umsetzung unserer Umweltziele. Auch die Aufgaben des Arbeitsschutzes sind darin eingeschlossen.

- Wir erfassen systematisch unsere Tätigkeiten, die Auswirkungen auf die Umwelt haben, dokumentieren und beurteilen sie. Daraus leiten wir Ziele und Maßnahmen für Verbesserungen ab, deren Umsetzung wir überwachen und überwachen lassen.
- In unseren wirtschaftlichen Entscheidungsprozessen ist die Betrachtung der resultierenden Umweltauswirkungen unverzichtbarer Bestandteil. Sollte sich zeigen, dass eine Entscheidung zu einer stärkeren Umweltbelastung führt, so suchen wir gezielt nach Wegen, diese zu reduzieren oder zu vermeiden. So gewährleisten wir die Einhaltung der für uns verbindlichen Ziele im Umweltschutz.
- Lufthansa CityLine fördert durch stetige Information und Schulungen das Umweltbewusstsein ihrer Mitarbeiterinnen und Mitarbeiter. In einem offenen und übergreifenden Dialog arbeiten Führungskräfte und Belegschaft gemeinsam an dem Ziel, den Umweltschutz in allen Bereichen des Unternehmens kontinuierlich zu verbessern.
- Wann immer wirtschaftlich und sozial vertretbar setzen wir auf Innovation und die beste verfügbare Technik, um die Auswirkungen unserer Tätigkeit auf die Umwelt kontinuierlich zu verringern.
- Wir stellen sicher, dass unsere Leitlinien und Umweltziele an allen Standorten befolgt werden. Auch bei allen gesellschaftsübergreifenden Projekten und Beteiligungen werden wir ihnen im Rahmen unserer Möglichkeiten Geltung verschaffen. Die Beachtung von Umweltnormen ist für uns Kriterium für die Auswahl unserer Vertragspartner.
- Wir informieren unsere Kunden und Lieferanten über unsere Leistungen im Umweltschutz und geben ihnen Anregungen, wie sie uns bei unseren Bemühungen unterstützen können. Wir nehmen die Besorgnis über Umweltbelastungen, die mit unserer Tätigkeit verbunden sind, ernst und führen einen konstruktiven Dialog mit den Behörden und der Öffentlichkeit.
- Wir sind uns bewusst, dass nur ehrliche Information Vertrauen schaffen kann. Der regelmäßig veröffentlichte Umweltbericht bildet die Grundlage dieser Kommunikation."

Quelle: Lufthansa CityLine GmbH (2015): Umweltbericht 2015. Umwelterklärung der Standorte Köln, München und Frankfurt, S. 8 f. Lufthansa CityLine GmbH, Flughafen München, FOC, Südallee 15, 85356 München

5.3 Rollen, Verantwortlichkeiten und Befugnisse in der Organisation

Was steht in der Norm?

Die oberste Leitung muss sicherstellen, dass Verantwortlichkeiten und Befugnisse festgelegt und in der Organisation bekannt gemacht werden.

Die oberste Leitung muss die Verantwortlichkeit und Befugnis zuweisen für

a) das Umweltmanagementsystem und
b) Berichte an die oberste Leitung über die Leistung des Umweltmanagementsystems.

Was ist von Ihrer Organisation zu tun?

Auf der obersten Führungsebene Ihrer Organisation sind konkrete Verantwortlichkeiten festzulegen, um den in der Norm geforderten Verpflichtungen nachzukommen.

Die wesentlichen Aufgaben des auf der obersten Leitung angesiedelten Umweltmanagementbeauftragten sind die Öffentlichkeitsarbeit, die Einbindung des Umweltschutzes in die Unternehmensstrategie, die Förderung des Umweltgedankens auf allen Ebenen der Organisation, die Begleitung von internen Umweltaudits sowie die Durchführung von Umweltmanagement-Reviews.

Weiter obliegen ihm die Koordination der Umweltprogramme und die Erarbeitung von Konzepten zur Weiterentwicklung des Umweltmanagementsystems. Ihm untersteht das Umweltmanagementsystem in allen umweltrelevanten Tätigkeiten, er trägt dafür die Verantwortung und vertritt den Umweltbereich der Organisation nach innen und nach außen.

Als wichtiger Ansprechpartner für die Belange des Umweltschutzes ist er mit allen dafür erforderlichen Rechten und Pflichten ausgestattet. Er verwaltet in seiner Funktion ein dafür vorhandenes Budget.

Sofern Sie diese Aufgabe nicht selbst übernehmen, ist in diesem Fall von Ihnen eine Person zu berufen, die für die Umsetzung Ihres Umweltmanagements verantwortlich ist. In aller Regel wird dies ein Umweltbeauftragter sein. Zu dessen Hauptaufgaben gehört im Wesentlichen, die für Umweltfragen zuständigen Akteure bei Ihrer Organisation mit internen und externen Informationen zum Umweltschutz zu versorgen.

Weiter obliegt ihm die Aufgabe, das Umweltmanagementsystem in Fragen der Planung, Steuerung, Kontrolle, Analyse und Koordination von Umweltaktivitäten zu unterstützen. Diese Aktivitäten werden nicht alleinverantwortlich zu lösen sein. Unter Umständen werden noch weitere Personen oder Beauftragte von Ihnen zu berufen sein.

Weitere Aufgaben des Umweltbeauftragten sind die Weiterentwicklung eines betrieblichen Umweltinformationssystems, das die Informationsbeschaffung, die Entscheidungsfindung, Planung, Dokumentation und Berichterstattung ermöglicht, sowie die Aktualisierung und Pflege der relevanten Rechts- und Verwaltungsvorschriften zum betrieblichen Umweltschutz und zum Umweltmanagementsystem.

Des Weiteren zählen zu seinen Aufgaben:

- Pflege der Sicherheitsdatenblätter
- Erstellung und Pflege des Verzeichnisses der wichtigsten rechtlichen Grundlagen zum Arbeits- und Umweltrecht
- Berichterstattung über Arbeits- und Gesundheitsschutz

Um Ihr Umweltmanagement erfolgreich umsetzen zu können, ist es notwendig, die gewonnenen Daten in ökologisch ausbaufähigen Bereichen sowohl unter ökologischen als auch ökonomischen Aspekten entscheidungsorientiert aufzubereiten und zu bewerten.

Schließlich muss er die Umsetzung der Maßnahmen überwachen und steuern, d.h., er hat vorausschauend und korrigierend einzugreifen.

Wie lässt sich die DIN EN ISO 14001:2015 in der Praxis umsetzen?

Praxisbeispiel: Gesamtverantwortung

„Wir haben seit Mitte 1994 ein Qualitätsmanagementsystem laut DIN EN ISO 9001 und seit 2007 ein Umweltmanagementsystem laut DIN EN ISO 14001. Zusammen stellen diese beiden Systeme ein integriertes Managementsystem (IMS) für Qualität und Umweltschutz dar.

Die Geschäftsleitung trägt die Gesamtverantwortung für die Erfüllung der Aufgaben in den Bereichen Qualität, Umweltschutz und Sicherheit. Die Geschäftsleitung stellt die Aufrechterhaltung des IMS sicher, legt Ziele fest und bewertet das IMS regelmäßig hinsichtlich Wirksamkeit, Eignung, Umsetzung von Umweltpolitik, -zielen, -maßnahmen sowie Einhaltung der Rechtsvorschriften.

Zur Unterstützung der Geschäftsführung gibt es die Arbeitsgruppe Umwelt. Diese erfasst Daten, koordiniert die Erarbeitung der Ziele zu Qualität, Umweltschutz und Sicherheit durch die Mitarbeiter und überprüft das Managementsystem im Rahmen der jährlich stattfindenden internen Audits.

Die RISTELHUEBER-Gruppe hat aber auch darüber hinaus Beauftragte für einzelne Themenkomplexe bestellt. Diese Personen überwachen die Einhaltung der relevanten Rechtsvorschriften, beraten und informieren die Mitarbeiter, informieren die Verantwortlichen über Risiken und Gefahren und pflegen den Kontakt zu den jeweiligen Behörden und Institutionen:

- einen Gefahrgutbeauftragten gemäß § 1 Gefahrgutbeauftragtenverordnung
- einen Abfallbeauftragten für den Bereich Abfallvermeidung und -entsorgung
- einen Arbeits- und Brandschutzbeauftragten gemäß § 1 Arbeitssicherheitsgesetz
- einen Betriebsarzt gemäß § 1 Arbeitssicherheitsgesetz
- Umweltbeauftragte für die Koordination, Überwachung und Dokumentation des Umweltmanagementsystems."

Quelle: Ristelhueber Spedition & Logistik (2014): Umweltbericht 2014, S. 9 f.
H. Ristelhueber's Nachfolger Spedition GmbH, Rheinbrückenstraße 1, 79761 Waldshut-Tiengen

Praxisbeispiel: Integriertes Managementsystem

„Um die Unternehmensziele Qualität, Umweltschutz und Arbeitssicherheit systematisch zu steuern, verfügt HAMBURG WASSER über ein integriertes Managementsystem (IMS) mit den Bereichen Qualitäts-, Umwelt und Arbeitssicherheitsmanagement. Das IMS ist seit 2008 nach den Normen DIN EN ISO 9001 (Qualitätsmanagement), DIN EN ISO 14001 (Umweltmanagement) und OHSAS 18001 (Arbeitsschutzmanagement) zertifiziert und nach der EMAS III Verordnung (europäisches Umweltmanagementsystem) validiert.

Die Beauftragten für das Qualitäts-, Umwelt- und Arbeitssicherheitsmanagementsystem sind im Stab Qualitätsmanagement und Technologieentwicklung (QT) zusammengefasst und der Geschäftsführung von HAMBURG WASSER direkt unterstellt. Weitere Beauftragte bzw. relevante Personen mit Bezug zum IMS sind in nachfolgender Tabelle genannt:"

Tab. 7: Beauftragte des Integrierten Managementsystems (IMS)

<table>
<tr><th>Funktion und Aufgabe</th><th>HWW</th><th>HSE</th><th>Organisationseinheit</th></tr>
<tr><td>Leiter Stab Qualitätsmanagement & Technologieentwicklung</td><td colspan="2">X</td><td>QT</td></tr>
<tr><td>Qualitätsmanagementbeauftragte (QMB)</td><td colspan="2">X</td><td>QT</td></tr>
<tr><td>Umweltmanagementbeauftragte (UMB)</td><td colspan="2">X</td><td>QT</td></tr>
<tr><td>Arbeitssicherheitsmanagementbeauftragte (AMB)</td><td colspan="2">X</td><td>QT</td></tr>
<tr><td>Fachkräfte für Arbeitssicherheit (FASi)</td><td colspan="2">X</td><td>QT</td></tr>
<tr><td>Gewässerschutzbeauftragte (GwSB)</td><td>X</td><td>X</td><td>K</td></tr>
<tr><td>Gefahrgutbeauftragter nach GbV</td><td colspan="2">X</td><td>I</td></tr>
<tr><td>Benannte Ansprechpartner für Abfallwirtschaft</td><td colspan="2">X</td><td>B</td></tr>
<tr><td>Strahlenschutzverantwortlicher</td><td>X</td><td></td><td>GT</td></tr>
<tr><td>Strahlenschutzbeauftragte (SsB)</td><td>X</td><td></td><td>QT</td></tr>
<tr><td>Sicherheitsbeauftragte (SiB)</td><td colspan="3">Benannte Vertreter in jedem Bereich</td></tr>
<tr><td>Betriebsarzt</td><td>X</td><td>X</td><td>P/Extern</td></tr>
<tr><td>Gesundheitsmanagement</td><td colspan="2">X</td><td>X</td></tr>
</table>

Funktion und Aufgabe	HWW	HSE	Organisationseinheit
Arbeitssicherheitskoordinatoren (ASi-Ko)	Benannte Vertreter in jedem Bereich		
Qualitäts- und Umweltkoordinatoren (QU-Ko)			

Legende:

B	Betriebswirtschaft und IT
I	Ingenieurbüro
K	Kunden- und Systementwicklung
GT	Technischer Geschäftsführer
QT	Qualitätsmanagement und Technologieentwicklung
P	Personal
HWW	Hamburger Wasserwerke GmbH
HSE	Hamburger Stadtentwässerung

Quelle: Hamburg Wasser (2015): Umwelterklärung 2014. Aktualisierte Fassung mit Daten von 2014, S. 10 f. Hamburger Wasserwerke GmbH, Billhorner Deich 2, 20539 Hamburg

6 Planung

6.1 Maßnahmen zum Umgang mit Risiken und Chancen

Dieser Abschnitt ist neu in die DIN EN ISO 14001:2015 aufgenommen worden.

6.1.1 Allgemeines

Was steht in der Norm?

Die Organisation hat Prozesse aufzubauen, zu verwirklichen und aufrechtzuerhalten, um folgende Anforderungen zu erfüllen:

- Ermittlung von Risiken und Chancen
- Bestimmung von Umweltaspekten
- Zusammenstellung der bindenden Verpflichtungen
- Planung von Umweltmaßnahmen

Ebenso hat die Organisation bei Planungen für das Umweltmanagementsystem

- die in 4.1 genannten Themen,
- die in 4.2 genannten Anforderungen,
- den Anwendungsbereich ihres Umweltmanagementsystems

zu berücksichtigen.

Nur so können die beabsichtigten Ergebnisse durch das Umweltmanagementsystem erreicht, unerwünschte Auswirkungen verhindert oder reduziert und eine fortlaufende Verbesserung erzielt werden.

In Anhang A.6 der DIN EN ISO 14001:2015 werden einzelne Risiken aufgeführt, die von der Organisation zu beachten sind:

a) „Umweltverschmutzung aufgrund von Bildungs- oder Verständigungsbarrieren unter den Beschäftigten, die lokale Arbeitsanweisungen nicht verstehen können;
b) Vermehrte Überflutungen aufgrund von Klimaveränderung, was das Gelände der Organisation beeinträchtigen könnte;
c) Mangel an verfügbaren Ressourcen, um ein wirksames Umweltmanagementsystem aufrechtzuerhalten aufgrund von wirtschaftlichen Sachzwängen;
d) Einführung neuer Technologien, finanziert durch staatliche Förderung, welche die Luftqualität verbessern könnten;

e) Wassermangel während Trockenperioden, was die Fähigkeit der Organisation beeinträchtigen könnte, ihre Vorrichtungen zur Emissionsüberwachung zu betreiben."

Ebenso hat die Organisation mögliche Notfallsituationen herauszuarbeiten, wobei vor allem jene, die eine Umweltauswirkung haben können, von zentraler Bedeutung sind. Die Berücksichtigung von Notfallsituationen wird in Abschnitt 8.2 „Notfallvorsorge und Gefahrenabwehr" nochmals gesondert aufgegriffen.

Die zuvor beschriebenen Aspekte sind von der Organisation zu dokumentieren.

Was ist von Ihrer Organisation zu tun?

Im Rahmen Ihres Umweltmanagementsystems haben Sie vor allem mögliche Risiken und Chancen von Umweltprojekten oder Umweltmaßnahmen zu ermitteln. Am besten gelingt so etwas, wenn Sie in Ihrer Organisation eine entsprechende Projektgruppe installieren, die sich aus Personen unterschiedlicher Abteilungen zusammensetzt.

Jedes Umweltprojekt oder jede Umweltmaßnahme beinhaltet aufgrund der Komplexität zwangsläufig diverse Risiken. Der Eintritt eines möglichen Risikos kann Ihre Umweltkosten erhöhen, die Bearbeitungszeiten Ihres Projekts oder Ihrer Maßnahme verlängern, die Zielerreichung gefährden oder sogar den Abbruch Ihres Projekts oder Ihrer Maßnahme bewirken. Aus diesem Grund ist es für Sie notwendig, Risiken schon im Vorfeld zu erkennen, zu bewerten und in weiterer Folge geeignete Gegenmaßnahmen zu beschließen.

Grundsätzlich sind die Risiken Ihres Projekts oder Ihrer Maßnahme nach zwei Kriterien zu beurteilen, nämlich nach ihrer **Eintrittswahrscheinlichkeit** und ihrem **Schadensausmaß bei Eintritt** (= Bedeutung für den Projekterfolg). Um Ihre Risiken zu analysieren und zu bewerten, gibt es qualitative (z.B. Brainstorming, Gruppendiskussionen) oder quantitative Methoden (z.B. Umweltkennzahlen, Umweltkosten, Controlling-Reports).

Wie lässt sich die DIN EN ISO 14001:2015 in der Praxis umsetzen?

Verschiedene Beispiele machen deutlich: Organisationen versuchen auf vielerlei Weise die möglichen Risiken ihrer Tätigkeiten zu ermitteln.

Praxisbeispiel: Risikoanalyse

„Wir identifizieren und bewerten frühzeitig, regelmäßig und systematisch alle relevanten Risiken unserer Geschäftstätigkeit und setzen vorsorglich entsprechende Maßnahmen um. Hierfür nutzen wir u.a. einen integrierten Planungs- und Führungsprozess, wertorientierte Kennzahlen und Controlling-Reports. Zusätzliche Instrumente sind:

- Jährlicher Risikobericht von Coca-Cola Deutschland

Einmal im Jahr führt unser Risikomanagement ausführliche Risikoanalysen durch, in welche die Geschäftsleitung einbezogen wird. Dazu erfolgen quartalsweise Updates. Geschäftsführung und Vorstand werden umfassend über alle identifizierten potenziellen Gefahren und Chancen im Konzern in Form eines Risikoberichts informiert. Dringende Fälle werden umgehend kommuniziert.

- Regelmäßige Szenarioanalysen

Unsere Experten vom Risikomanagement führen regelmäßig Szenarioanalysen durch. So ermitteln sie über die Zusammenfassung verschiedener Einzelrisiken auch die Gesamtrisikoposition des Unternehmens.

- Stakeholder-Kommunikation

Einen wesentlichen Beitrag zur Risikoerkennung und -vermeidung leisten unsere Stakeholder. Ihr Wissen, ihre Erwartungen und Meinungen, die wir aus dem gemeinsamen Dialog und Befragungen kennen, fließen in unseren Nachhaltigkeitsprozess ein."

Quelle: Coca-Cola GmbH (2014): Nachhaltigkeitsbericht 2013. Coca-Cola Deutschland, S. 16 f.
Coca-Cola GmbH, Stralauer Allee 4, 10245 Berlin

Praxisbeispiel: Risikobewertung

„Die jährliche Risikobewertung erfolgt nach den Kriterien ‚mögliche Schadenshöhe' und ‚Eintrittswahrscheinlichkeit'. Für die identifizierten Risiken werden dann konkrete Gegenmaßnahmen zur Überwachung und Steuerung erarbeitet. Im Bereich Nachhaltigkeit stehen aktuell insbesondere CO_2-Emissionen, Rohstoffverknappung sowie Themen in der Lieferkette im Fokus. Markt- und Produktionsrisiken begegnet Miele mit innovativen und an den Bedürfnissen der Kunden orientierten Produkten auf hohem Qualitätsniveau sowie mit einer kontinuierlichen Verbesserung der Produktivität und Wirtschaftlichkeit. Die Beschaffungsrisiken werden durch intensive Beobachtung der internationalen Märkte, regelmäßige Lieferanten-Audits, sorgfältige Prüfung der Qualität der gelieferten Produkte sowie Vereinbarung von rechtlich einwandfreien Lieferverträgen begrenzt. Für Risiken aus eventuellen Produktionsunterbrechungen besteht angemessener Versicherungsschutz.

Risiken durch den Klimawandel

Die Chancen und Risiken des Klimawandels werden in der Unternehmens- und Produktpolitik berücksichtigt. Risiken bestehen vor allem in der Einführung verschärfter Regulierungen zum Klima- und Ressourcenschutz sowie im Anstieg der Rohstoff- und Energiepreise, die Miele als Hersteller betreffen, ebenso wie die Kunden. So achten viele Kunden beim Kauf eines Haushaltsgeräts vermehrt auf die Energieeffizienz. Miele hat diese Entwicklungen frühzeitig erkannt und entsprechend gehandelt. Durch das Angebot neuer energiesparender Technologien ergeben sich Wettbewerbsvorteile und damit Chancen für Miele. Die finanziellen Auswirkungen des Klimawandels wurden nicht im Einzelnen quantitativ bewertet, da diese Mieles Geschäftstätigkeit nicht wesentlich gefährden."

Quelle: Miele & Cie. KG (2015): Nachhaltigkeitsbericht 2015, S. 31.
Miele & Cie. KG, Carl-Miele-Straße 29, 33332 Gütersloh

6.1.2 Umweltaspekte

Was steht in der Norm?

Im Rahmen des Umweltmanagements muss die Organisation die Umweltaspekte ihrer Tätigkeiten, Produkte und Dienstleistungen bestimmen, die sie steuern kann und auf die sie Einfluss nehmen kann. Wichtig und neu gegenüber der ursprünglichen Version der DIN EN ISO 14001 ist, dass der Lebensweg der Tätigkeiten, Produkte und Dienstleistungen sowie die mit ihnen verbundenen Umweltauswirkungen berücksichtigt werden müssen.

Nach den Vorgaben der DIN EN ISO 14001:2015 in Anhang A ist keine ausführliche Ökobilanz erforderlich; es reicht die sorgfältige Betrachtung der Abschnitte des Lebenswegs, die von der Organisation gesteuert und beeinflusst werden können. Zu den typischen Stufen des Lebenswegs eines Produkts (oder einer Dienstleistung) zählen:

- Rohstoffbeschaffung
- Entwicklung
- Produktion
- Transport/Lieferung
- Nutzung
- Behandlung am Ende des Lebenswegs
- endgültige Beseitigung

Im Einzelnen sieht die DIN EN ISO 14001:2015 vor, folgende Tätigkeiten, Produkte oder Dienstleistungen zu untersuchen, wobei sich die jeweiligen Phasen des Lebensweges durchaus unterscheiden:

1. Rohstoffbeschaffung
2. Betriebs- oder Herstellungsprozesse, einschließlich Lagerung
3. Betrieb und Aufrechterhaltung von Anlagen, Vermögenswerten und Infrastruktur
4. Umweltleistungen und Praktiken von Lieferanten
5. Transport von Produkten und Erbringung von Dienstleistungen, einschließlich Verpackung

6. Lagerung und Nutzung von Produkten und deren Behandlung am Ende des Lebenswegs
7. Abfallmanagement, einschließlich Wiederverwendung, Wiederaufbereitung, Recycling und Entsorgung

Bei der Bestimmung von Umweltaspekten hat die Organisation folgende Umweltkriterien zu berücksichtigen:

a) Emissionen in die Atmosphäre
b) Ableitungen in Gewässer
c) Verunreinigungen von Böden
d) Verbrauch von Rohstoffen und natürlichen Ressourcen
e) Energieverbrauch
f) Freisetzung von Energie (z.B. in Form von Wärme, Strahlung, Lärm, Licht)
g) Erzeugung von Abfall und/oder Nebenprodukten,
h) Flächenverbrauch

Die Organisation muss unter Verwendung der genannten Kriterien diejenigen Aspekte bestimmen, die eine bedeutende Umweltauswirkung haben oder haben können.

Die Umweltaspekte sollten bei geplanten oder neuen Entwicklungen sowie bei neuen oder veränderten Tätigkeiten, Produkten und Dienstleistungen beachtet werden. Ebenso sind sie für nicht bestimmungsgemäße Zustände und erwartbare Notfallsituationen vorzusehen.

Im Gegensatz zur früheren DIN EN ISO 14001 muss die Organisation nach der neueren Version ihre bedeutenden Umweltaspekte nicht nur angemessen kommunizieren, sondern sie auch dokumentieren.

Was ist von Ihrer Organisation zu tun?

Die Umweltaspekte haben Sie in direkte Umweltauswirkungen und indirekte Umweltauswirkungen zu unterteilen und zu überprüfen. Durch Ihre Bewertung wird deren Bedeutsamkeit festgestellt und mit Ihren Zielen sowie Ihrem Umweltprogramm in Prioritäten überführt. Daraufhin werden Handlungsweisen festgelegt. Ihre Verantwortlichen unterzeichnen die jeweils für Ihre Organisation zutreffenden Aufgaben und legen Erledigungstermine fest.

Ihre Organisation überprüft anhand folgender Kriterien die Auswirkungen und stellt damit die für Ihre Organisation bedeutenden Umweltaspekte fest:

- Umweltschädigungspotenzial (siehe hierzu die oben aufgeführten Umweltkriterien)
- Ausmaß/Häufigkeit der Umweltaspekte
- Bedeutung für interessierte Parteien
- Einhaltung von Gesetzen und Vorschriften
- Bewertung der Bedeutsamkeit
- Umweltziele und Prioritäten
- Handlungsbedarf
- Umweltkennzahlen

Unter dem Kriterium „Bewertung der Bedeutsamkeit" wird die Einordnung in „bedeutend" vorgenommen. Hiernach bestimmen sich Ihre Handlungsfelder, für die Einzelziele festgelegt und die mit Ihren jeweiligen Prioritäten versehen werden. Dazu können bei Ihrer Organisation die **A-B-C-Methode** und die **I-II-III-Methode** eingesetzt werden, die im Folgenden näher vorgestellt werden.

Vor dem Hintergrund der erhobenen Daten und Informationen Ihrer Organisation wird die Bedeutsamkeit Ihrer direkten und indirekten Umweltaspekte anhand der A-B-C- und der I-II-III-Methode ermittelt.

Hierfür wird jeder In- bzw. Output, der in Ihre Organisation hineingeht (etwa Strom, Heizenergie, Rohstoffe, Betriebs- und Hilfsstoffe, Wasser) oder sie wieder verlässt (z.B. Abwasser, Abfälle) anhand der oben genannten Kriterien bezüglich seiner Umweltrelevanz bewertet. Mit der A-B-C-Methode wird auf die ökologische Bedeutung und somit auf die Dringlichkeit des Handlungsbedarfs hingewiesen Die A-B-C-Methode basiert auf einer dreistufigen Bewertungsskala, wobei

A = besonders bedeutender, ökologisch bedenklicher Umweltaspekt,
B = durchschnittlich bedeutender Umweltaspekt,
C = nach vorliegendem Kenntnisstand besteht ein gering bedeutender Umweltaspekt

bedeutet.

Mit der zweiten Dimension wird eine Aussage über die Möglichkeiten Ihrer Organisation xyz getroffen, auf Umweltaspekte Einfluss zu nehmen:

I = hohes Steuerungs- und Handlungspotenzial

II = mittleres Steuerungs- und Handlungspotenzial

III = geringes Steuerungs- und Handlungspotenzial

In einer Portfolio-Analyse können die Umweltaspekte visualisiert abgebildet werden (siehe Abb. 9).

Die Bewertung berücksichtigt außerdem die Mengenrelevanz und die derzeitige Ausprägung der jeweiligen Material- und Energiearten. So werden umweltrelevante In- und Outputs, welche nur in vergleichsweise kleinen Mengen auftreten bzw. für die bereits Umweltmaßnahmen durchgeführt werden, wie z.B. der Wasserverbrauch in Ihrer Organisation, mit CIII bewertet (siehe Abb. 9).

Als „ökologisch bedeutend" werden bezeichnet:

- bekannte oder vermutete Entsorgungsprobleme (z.B. Sonderabfall)
- tatsächliche oder vermutete Gesundheitsbelastungen
- Freisetzung von umweltbelastenden Stoffen durch Störfälle (z.B. Brand, Wassereinwirkung)
- bekannte oder vermutete Wassergefährdungspotenziale (z.B. Öle)

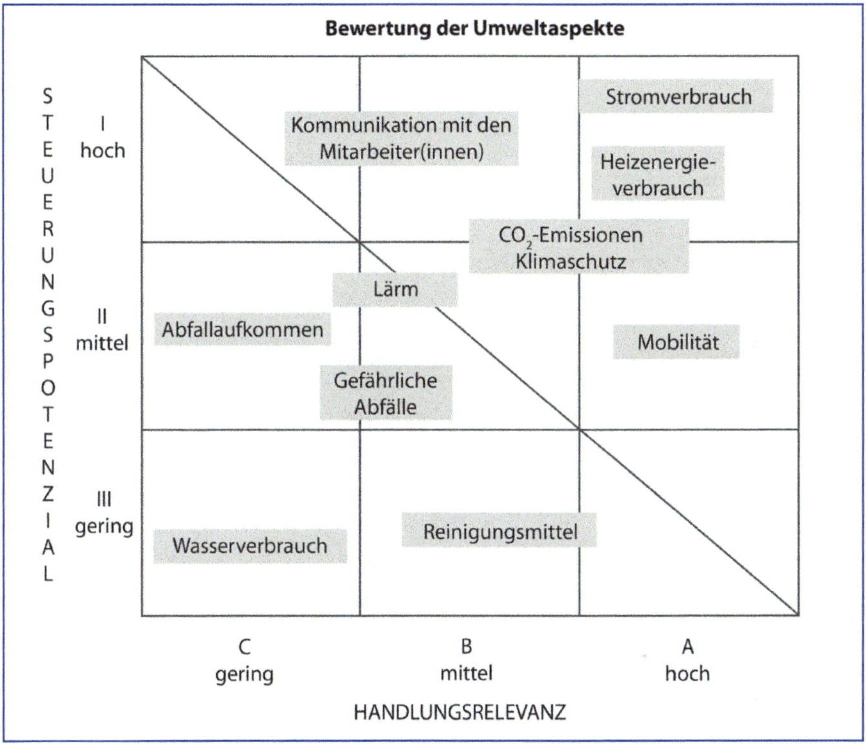

Abb. 9: Portfolio-Analyse

Damit können Ihre Daten in Form von quantifizierten Ergebnissen, gemäß Ihrer direkten und indirekten Umweltauswirkungen, über die A-B-C- und I-II-III-Klassifizierungsschemata relativ abgestuft und den Umweltverantwortlichen übersichtlich die Dringlichkeit des Handlungsbedarfs aufgezeigt werden. Die A-B-C- und I-II-III-Analysen stellen eine Methode dar, um aus der Fülle Ihrer Daten die relevanten Umweltrisiken zu bestimmen.

Die Bewertung Ihrer bedeutenden Umweltaspekte erfolgt nach Maßgabe des Umweltcontrollings. Die Aktualisierung der „tabellarischen Bewertung der Umweltaspekte" (*siehe Muster-Vorlagen dazu auf beiliegender CD-ROM*) nimmt der von Ihnen berufene Umweltbeauftragte vor.

Wie lässt sich die DIN EN ISO 14001:2015 in der Praxis umsetzen?

Praxisbeispiel: Umweltaspekte von Dienstleistungen

„Auch in einem Dienstleistungsunternehmen gibt es durch die Tätigkeiten Auswirkungen auf die Umwelt. Die regelmäßige Bewertung der Umweltaspekte bei allen Tätigkeiten und Produkten beinhaltet folgende Kriterien:

- Einhaltung umweltrechtlicher Anforderungen und Auflagen,
- Risikopotenziale im Normalbetrieb und bei Störungen,
- Umfang der unvermeidlichen Umweltauswirkungen und
- Umweltkosten durch Verbräuche oder entstehende Abfälle.

Die Bewertung erfolgt in einem zweistufigen Verfahren. Im **ersten Schritt** werden die klassischen Umweltauswirkungen auf der Basis von Umweltschutzbelangen und der Rechtsrelevanz bewertet. Als Ergebnis zeigt sich, dass die Umweltleistung einen sehr hohen Stand bei der Frankfurter Sparkasse erreicht hat. Dies wird durch das neue Verfahren transparent dargestellt und für die interne und externe Kommunikation genutzt.

In einem **zweiten Schritt** werden die Umweltaspekte aus Sicht der geschäftlichen Belange auf ihre Bedeutsamkeit bewertet. Daraus ergeben sich die Ansatzpunkte für die Umweltziele und Umweltprogramme für die nächsten Jahre."

Tab. 8: Direkte und indirekte Umweltaspekte der Frankfurter Sparkasse

Wesentlicher direkter Umweltaspekt	Kommentar, Bewertung
Verbrauch von Energie (Strom, Fernwärme)	Im Jahr 2008 wurde zu 100 % auf Strom aus Wasserkraft umgestellt. Durch die Gebäudeleittechnik (GLT) und die Umsetzung der Ziele der letzten Jahre ist der Strom- und Wärmeverbrauch stetig verringert worden. Weitere Ziele in den nächsten Jahren werden gegebenenfalls zu weiteren Verringerungen führen.
Frischwassernutzung	Durch die Installation von zahlreichen Wasserspartechniken konnte der Verbrauch verringert werden. Die regelmäßige Erfassung und Bewertung der wesentlichen Verbraucher gibt Hinweise auf Abweichungen und neue Möglichkeiten für Verbesserungen, jedoch sind weitere Effekte nicht mehr zu erwarten.
Einsatz und Verbrauch von Umlaufgütern, wie z.B. Papier	Bei der Auswahl von Umlaufgütern werden in Abwägung mit ökonomischen Kriterien auch ökologische Kriterien herangezogen.
Entstehende Abfälle	Durch die Umsetzung des Kreislaufwirtschaftsystems und die konsequente Nutzung von Rückgabesystemen bei der Beschaffung konnten die Abfallmengen erheblich reduziert werden. Entsorgte Speisereste und Küchenabfälle werden vom Entsorgungsunternehmen ausschließlich energetisch verwertet und dem Kreislauf in Form von Strom, Wärme und biologischem Dünger wieder zugeführt.
Das Aufkommen von Abwasser	Die Abwässer aus unserer Betriebsgastronomie werden seit einigen Jahren über ein Behandlungssystem aufgearbeitet und so die Umweltbelastungen reduziert. Die Steuerung der Anlage wurde im Jahr 2013 optimiert. Beispielsweise verringerte sich durch Neuinstallation einer Bandspülmaschine die Chemikalienfracht des Abwassers. Dadurch erübrigt sich eine nachträgliche Bearbeitung des Abwassers vor der Einleitung.

Daneben gibt es noch die indirekten Umweltaspekte:

Wesentlicher indirekter Umweltaspekt	Kommentar, Bewertung
Kreditvergabe	Bei der Kreditvergabe ist auf Altlasten und die Einhaltung von rechtlichen Vorgaben zu achten. Durch die konsequente Berücksichtigung werden Risiken verringert.
Die Verkehrsleistung, d.h. Fahrten der Beschäftigten zum Arbeitsplatz und Geschäftsreisen	Die Mitarbeiter nutzen zu über 60 % das Jobticket für die Fahrt zum Arbeitsplatz und für Dienstgänge sowie Dienstreisen.
Die Beschaffung von Dienstleistungen, u.a. auch Bauleistungen und Waren	Über ökologische Kriterien bei der Beschaffung und der Zusammenarbeit mit den Herstellern und Lieferanten werden auch Artikel und Systeme eingeführt, die zur Verringerung der Umweltauswirkungen führen.

Quelle: Frankfurter Sparkasse (2013): Aktualisierung der Umwelterklärung 2012 für das Berichtsjahr 2013, S. 9 f. Frankfurter Sparkasse, Neue Mainzer Straße 47–53, 60311 Frankfurt a.M.

6.1.3 Bindende Verpflichtungen

Was steht in der Norm?

Bindende Verpflichtungen umfassen nach Anhang A der DIN EN ISO 14001:2015 rechtliche oder andere Verpflichtungen, die eine Organisation einhalten muss oder zu deren Einhaltung sie sich entscheidet.

Zu den **rechtlichen** Verpflichtungen einer Organisation zählen:

- Anforderungen von staatlichen Institutionen oder anderen relevanten Behörden
- internationale, nationale und lokale Gesetze und Vorschriften
- in Genehmigungsbescheiden festgelegte Anforderungen, Zulassungen oder andere Arten von Erlaubnissen
- Weisungen, Regeln oder Anleitungen von Aufsichtsbehörden
- Urteile von Gerichten oder Verwaltungsgerichten

Die **anderen** Verpflichtungen umfassen Anforderungen interessierter Parteien in Bezug auf das Umweltmanagementsystem, das eine Organisation eingeführt oder zu dessen Übernahme sie sich entschieden hat:

- Vereinbarungen mit kommunalen Gruppen oder Nichtregierungsorganisationen
- Vereinbarungen mit Behörden oder Kunden
- organisatorische Anforderungen
- freiwillige Prinzipien und Verhaltenkodizes
- freiwillige Kennzeichnung oder Umweltverpflichtungen
- Verpflichtungen aufgrund von Vertragsvereinbarungen mit der Organisation
- relevante Standards der Organisation oder der Branche

Die Organisation muss:

- die mit ihren Umweltaspekten zusammenhängenden bindenden Verpflichtungen bestimmen und auf sie zugreifen können

- bestimmen, wie diese bindenden Verpflichtungen auf die Organisation anwendbar sind
- diesen bindenden Verpflichtungen bei Aufbau, Verwirklichung, Aufrechterhaltung und fortlaufender Verbesserung ihres Umweltmanagementsystems Rechnung tragen
- dokumentierte Information ihrer bindenden Verpflichtungen aufrechterhalten

Anmerkung: Bindende Verpflichtungen können zu Risiken und Chancen für die Organisation führen.

Was ist von Ihrer Organisation zu tun?

Um Rechtssicherheit in Ihrer Organisation zu erreichen, sind folgende Aufgaben durchzuführen:

- Anlegen einer Rechtsübersicht über die Ihre Organisation betreffenden relevanten Gesetze und Vorschriften
- Anlegen von speziellen Rechtsübersichten für einzelne Betriebsbereiche
- vierteljährliche Aktualisierung der Rechtsübersichten
- betriebsinterne Bekanntmachung von umweltrelevanten Regelungen
- Informationen zu den Umweltvorschriften
- Überwachung der Umweltvorschriften

Alle umweltgesetzlichen Regelungen werden zentral bei Ihrem Umweltbeauftragten archiviert, er ist auch für deren Aktualisierung zuständig.

Um die Mindestanforderungen der DIN EN ISO 14001:2015 zur Einhaltung von gesetzlichen Bestimmungen zu erreichen, ist es notwendig, die gesetzlichen Bestimmungen zu dokumentieren (siehe hierzu Tab. 9: Verzeichnis der wichtigsten gesetzlichen Grundlagen zum Arbeits- und Umweltrecht).

Für die Aktualisierung der Gesetze, Verordnungen, Richtlinien, Satzungen, Vorschriften und Sicherheitsdatenblätter ist der Umweltbeauftragte zuständig.

Die Informationen können über verschiedene Informationssysteme erfolgen:

Umsetzungshilfen auf Bundesebene

Bundesministerium der Justiz und für Verbraucherschutz

Internet: www.gesetze-im-internet.de/index.html

Bundesministerium für Umwelt, Naturschutz, Bau und Reaktorsicherheit

Internet: www.bmub.bund.de/themen/strategien-bilanzen-gesetze/gesetze-verordnungen/

Recht der Europäischen Union

Internet: http://eur-lex.europa.eu/homepage.html;ELX_SESSIONID=mJntJTTYvQgyQCy9Hf9vrvjvLV958gPNYv2HKQfCH10hhv8VhSKP!2042927243?locale=de

Umsetzungshilfen der Bundesländer

Die nachstehenden Webseitenangebote der Bundesländer beinhalten den Zugang zum landesspezifischen Umweltrecht sowie darüber hinausgehende Erläuterungen und Informationen zu dessen Anwendung und Umsetzung.

Baden-Württemberg

Ministerium für Umwelt, Klima und Energiewirtschaft Baden-Württemberg

Internet: https://um.baden-wuerttemberg.de/de/presse-service/service/rechtsvorschriften

Betrieblicher Umweltschutz. Eine Plattform der Landesanstalt für Umwelt, Messungen und Naturschutz Baden-Württemberg

Internet: https://www.lubw.baden-wuerttemberg.de/betrieblicher-umweltschutz

Gewerbeaufsicht Baden-Württemberg

Internet: https://um.baden-wuerttemberg.de/de/presse-service/service/rechtsvorschriften

Bayern

Bayerisches Staatsministerium für Umwelt und Verbraucherschutz

Internet: www.stmuv.bayern.de/umwelt/index.htm

Bayerisches Landesamt für Umwelt – Infozentrum UmweltWirtschaft

Internet: www.izu.bayern.de

Umweltnavigator Bayern

Mit dem „Umweltnavigator Bayern" schafft die Bayerische Staatsregierung ein zentrales Suchportal zu den Umweltinformationen des Freistaats Bayern. Damit informiert Bayern alle interessierten Bürger aktuell und umfassend über den Zustand seiner Umwelt.

Internet: www.umweltnavigator.bayern.de/servlet/is/811

Berlin

Senatsverwaltung für Stadtentwicklung und Umwelt

Internet: www.stadtentwicklung.berlin.de/service/gesetzestexte/de/umwelt/klimaschutz.shtml

Brandenburg

Ministerium für Ländliche Entwicklung, Umwelt und Landwirtschaft des Landes Brandenburg

Internet: www.mlul.brandenburg.de/sixcms/detail.php/bb1.c.279082.de

Bremen

Der Senator für Umwelt, Bau und Verkehr

Internet: www.bauumwelt.bremen.de/sixcms/detail.php?gsid=bremen02.c.734.de

Hamburg

Behörde für Umwelt und Energie

Internet: www.hamburg.de/umwelt

Hessen

Hessisches Ministerium für Umwelt, Klimaschutz, Landwirtschaft und Verbraucherschutz

Internet: https://umweltministerium.hessen.de

Hessen Umwelttech

Internet: www.hessen-umwelttech.de/start

Mecklenburg-Vorpommern

Ministerium für Landwirtschaft, Umwelt und Verbraucherschutz Mecklenburg-Vorpommern

Internet: www.regierung-mv.de/Landesregierung/lm/Service/Rechtsvorschriften

Niedersachsen

Niedersächsisches Ministerium für Umwelt, Energie und Klimaschutz

Internet: www.umwelt.niedersachsen.de/portal/live.php?navigation_id=2141&_psmand=10

Niedersächsisches Vorschrifteninformationssystem

Internet: www.nds-voris.de/jportal/portal/page/bsvorisprod.psml

Nordrhein-Westfalen

Ministerium für Klimaschutz, Umwelt, Landwirtschaft, Natur- und Verbraucherschutz des Landes Nordrhein-Westfalen

Internet: https://www.umwelt.nrw.de

Rheinland-Pfalz

Ministerium für Umwelt, Landwirtschaft, Ernährung, Weinbau und Forsten Rheinland-Pfalz

Internet: https://mulewf.rlp.de/de/themen/umweltschutz-umwelt-und-gesundheit

Saarland

Ministerium für Umwelt und Verbraucherschutz

Internet: www.saarland.de/ministerium_umwelt_verbraucherschutz.htm

Sachsen

Sächsisches Staatsministerium für Umwelt und Landwirtschaft

Internet: www.smul.sachsen.de/

Recht und Vorschriftenverwaltung Sachsen

Internet: www.revosax.sachsen.de/

Sachsen-Anhalt

Ministerium für Landwirtschaft und Umwelt Sachsen-Anhalt

Internet: www.mlu.sachsen-anhalt.de/startseite-mlu

Landesrecht Sachsen-Anhalt

Internet: www.landesrecht.sachsen-anhalt.de/jportal/portal/page/bssahprod.psml

Schleswig-Holstein

Ministerium für Energiewende, Landwirtschaft, Umwelt und ländliche Räume Schleswig-Holstein

Internet: www.schleswig-holstein.de/MELUR/DE/MELUR_node.html

Landesvorschriften und Landesrechtsprechung

Internet: www.gesetze-rechtsprechung.sh.juris.de/jportal/portal/page/bsshoprod.psml

Thüringen

Thüringer Ministerium für Umwelt, Energie und Naturschutz

Internet: www.thueringen.de/th8/tmuen

Serviceportal Thüringen – Landesrecht

Internet: www.landesrecht.thueringen.de/jportal/portal/page/bsthueprod.psml

Newsletter

Eine sehr gute Möglichkeit, sich kontinuierlich über den neuesten Stand der Umweltgesetzgebung in Deutschland und Europa zu informieren, bietet folgender Newsletter:

Prävention online

Internet: www.praevention-online.de

Dieser kostenlose Newsletter enthält Informationen zum Arbeitsschutz- und Umweltrecht, Rechts-Datenbanken sowie aktuelle Urteile.

Einführung ins Umweltrecht

Für grundlegende Informationen zum allgemeinen deutschen und europäischen Umweltrecht bieten sich folgende zwei Dokumente an:

Skript Umweltrecht von Warlitz u.a.

Internet: www.mj.niedersachsen.de/download/7867/Skript_Umweltrecht_2012.pdf

Skript Umweltrecht von Prof. Dr. Walter Frenz von der Rheinisch-Westfälischen Technischen Hochschule Aachen

Internet: www.bur.rwth-aachen.de/download/Skript_Umweltrecht.pdf

Arbeitsschutz, Sicherheit

Bundesministerium für Arbeit und Soziales

Internet: www.bmas.de/DE/Service/Gesetze/inhalt.html

Als Schnittstelle zum Umweltrecht geben diese Internetseiten Zugang zu Rechtsgrundlagen des Arbeitsschutzes und der Arbeitssicherheit.

Berufsgenossenschaften

Internet: http://publikationen.dguv.de/dguv/udt_dguv_main.aspx?ID=0

Enthält Unfallverhütungsvorschriften, Richtlinien, Sicherheitsregeln, Merkblätter, Merkhefte, Grundsätze, Broschüren, Aushänge, Aufkleber, Vordrucke und Verzeichnisse des Gemeindeunfallversicherungsverbandes (GUV)

Tab. 9: Verzeichnis der wichtigsten gesetzlichen Grundlagen zum Arbeits- und Umweltrecht

Rechtsvorschrift (Bereiche)	vom ... (Datum)	Anforderungen in Stichworten	Zuständige Fachabteilung	Ansprechpartner	Ort und Art der Ablage	Zuständig für Aktualisierung
01 Kompendien						
02 Allgemeines Umweltverwaltungsrecht						
03 Besonderes Umweltverwaltungsrecht						
04 Gefahrstoffe						
05 Wasser-/Abwasserrecht						
06 Abfallrecht						
07 Immissionsschutz						
08 Gebäude- und Gerätesicherheit/-standards						
09 Arbeitsschutzvorschriften						
10 Haftungsvorschriften						

Hinweise zu den verschiedenen gesetzlichen Grundlagen

Allgemein unterscheidet man:

- **Gesetze:** Sie werden durch vorgeschriebene Gesetzgebungsverfahren von den Bundes- oder Landesparlamenten erlassen. Dabei gilt, dass das EU-Recht dem Bundesrecht und das Bundesrecht dem Landesrecht übergeordnet ist.
- **EG-/EU-Richtlinien:** Sie gelten grundsätzlich nicht unmittelbar, sondern bedürfen zu ihrer Rechtswirksamkeit einer Umsetzung in das nationale Recht der jeweiligen Mitgliedstaaten.
- **EG-/EU-Verordnungen:** Sie bedürfen keiner Umsetzung in nationales Recht, da sie unmittelbar in jedem Mitgliedstaat als Gesetz gelten.

- **Verordnungen:** Sie können erlassen werden, wenn eine Ermächtigung dazu im Gesetz festgeschrieben ist. Sie werden daher in zeitlicher Verschiebung zum Gesetz erstellt.
- **Verwaltungsvorschriften:** Sie enthalten Detailvorschriften und dienen den Behörden als Hilfe bei der Anwendung von Gesetzen. Sie haben damit für den Außenstehenden indirekte Bedeutung (z.B. TA Siedlungsabfall oder TA Abfall).
- **Satzungen:** Sie werden im Rahmen von Bundes- und Landesgesetzen von den Kommunalpartnern erlassen und sind nur für das Gebiet der jeweilige Kommune gültig.
- **Technische Regeln, Richtlinien:** Sie sind als Empfehlungen zu verstehen, d.h., sie haben keinen Gesetzescharakter (z.B. TRGS 519 für den Umgang mit Asbest).

Wie lässt sich die DIN EN ISO 14001:2015 in der Praxis umsetzen?

Praxisbeispiel: Legal Compliance

„Die gesetzlichen Bestimmungen, welche maßgeblich und verpflichtend sind, werden ermittelt. Diese werden im Rechtskataster, welches fortwährend überprüft und aktualisiert wird, dokumentiert. Somit werden Änderungen innerhalb der Umweltgesetze identifiziert und die neuen Anforderungen umgesetzt. Ferner werden sämtliche regelmäßigen Verpflichtungen in einer Datenbank dokumentiert und zeitnahe bearbeitet. Unter anderem sind unter den relevanten Gesetzen und Verordnungen das Bundes-Immissionsschutzgesetz, das Kreislaufwirtschaftsgesetz, das Wasserhaushaltsgesetz und die Gefahrstoffverordnung von besonderer Bedeutung für das Unternehmen.

Die Einhaltung der gesetzlichen Bestimmungen wird jährlich im Rahmen der internen Audits und Rechts-Checks geprüft. Dabei wurde festgestellt, dass die gesetzlichen Bestimmungen eingehalten werden."

Quelle: Paulaner Brauerei (2014): Umwelterklärung 2014, S. 13.
Paulaner Brauerei GmbH & Co. KG, Hochstraße 75, 81541 München

6.1.4 Planung von Maßnahmen

Was steht in der Norm?

In diesem Abschnitt wird die Organisation dazu verpflichtet, Maßnahmen einzuleiten, um ihre bedeutenden Umweltaspekte, ihre bindenden Verpflichtungen und ihre Risiken und Chancen zu ermitteln.

Ebenso hat die Organisation Maßnahmen in ihre Umweltmanagementsystem-Prozesse oder in andere Geschäftsprozesse zu integrieren und zu realisieren. Damit wird ausdrücklich die Verankerung des Umweltmanagements in anderen Geschäftsprozessen unterstrichen. Nicht zuletzt ist die Wirksamkeit der jeweiligen Maßnahmen zu bewerten (siehe auch Abschnitt 9.1).

Hierzu bietet sich die Festlegung von Umweltzielen an (siehe Abschnitt 6.2). Einige der Maßnahmen dürfen sich explizit auf andere Managementsysteme beziehen, wie etwa zu Arbeits- und Gesundheitsschutz oder auf Risiko-, Finanz- oder Personalmanagement bezogene Geschäftsprozesse.

Bei der Planung ihrer Maßnahmen hat die Organisation sowohl ihre technologischen Möglichkeiten als auch ihre finanziellen, betrieblichen und geschäftlichen Anforderungen zu berücksichtigen. Übersetzt heißt dies, die geplanten Maßnahmen müssen als umsetzbar angesehen werden.

Was ist von Ihrer Organisation zu tun?

Zweck ist die Umsetzung und Bewertung einer ökologisch ausgerichteten Gestaltung Ihrer Organisation im Hinblick etwa auf die Gebäudebewirtschaftung, den Ressourcenverbrauch, die Anlagen, den Bürobereich, die Mobilität und den Arbeits- und Gesundheitsschutz. Inhaltlich beziehen sich die Maßnahmen auf die Schonung der natürlichen Ressourcen, die Beseitigung von ökologisch bedenklichen Roh-, Hilfs- und Betriebsstoffen sowie eingesetzten Materialien. Ebenso sollten sich Ihre Planungen auch auf den Arbeits- und Gesundheitsschutz sowie die Abwägung der Risiken beziehen. Darüber hinaus sollte auch der Klimaschutz von Ihnen Beachtung finden, indem Sie Ihre Treibhausgase reduzieren.

Weiter bietet es sich an, die in Ihrer Organisation befindlichen Managementsysteme zu einem integrierten System zusammenzuführen, um die Planungen zu vereinfachen und zu optimieren.

Wie lässt sich die DIN EN ISO 14001:2015 in der Praxis umsetzen?

Praxisbeispiel: Verankerung des Umweltmanagements

„Um Synergien der bestehenden Managementsysteme besser nutzen zu können und ein effizienteres Management zu ermöglichen, hat Bayernoil diese in einem integrierten Managementsystem (IMS) zusammengeführt. Integriert bedeutet in diesem Zusammenhang sowohl, dass die einzelnen Systeme sich gegenseitig ergänzen und Redundanzen vermieden werden können, als auch, dass die Anforderungen aus den unterschiedlichen Systembereichen im Unternehmen gelebt werden.

Das IMS verknüpft die Forderungen der Managementsysteme zu Umweltschutz, Energie, Qualität, Prozesssicherheit, Risikomanagement und Arbeitsschutz und trägt dazu bei, Anforderungen aus Gesetzen, Verordnungen und Richtlinien zuverlässig zu erfüllen. (...) Das IMS bildet die Geschäftsprozesse, Verantwortlichkeiten und internen Vorgaben ab und bietet damit eine Richtlinie für das tägliche Handeln."

Quelle: Bayernoil Raffineriegesellschaft (2014): Umwelterklärung 2014, S. 23.
Bayernoil Raffineriegesellschaft mbH, Postfach 12 5275, 93328 Neustadt

Praxisbeispiel: Planung des Umweltmanagements

„Zur Erfüllung der geltenden rechtlichen Anforderungen des Umweltschutzes sind an unseren Standorten Umweltmanagementsysteme nach ISO 14001 bzw. EMAS eingeführt worden. Zudem sollen sie die kontinuierliche Verbesserung unseres Umweltschutzes durch ökonomisch vertretbare, umwelt- und arbeitssicherheitsgerechte Produkt- und Prozessgestaltung sowie die Implementierung und Umsetzung der Ziele im Umwelt- und Klimaschutz unterstützen.

Die Zielvorgaben werden sicher erfasst, Abweichungen bewertet, Korrekturmaßnahmen eingeleitet und in ihrer Wirksamkeit verfolgt. Die Wirksamkeit des Umweltmanagementsystems wird gemäß EMAS-Verordnung bzw. ISO 14001 jährlich durch interne und externe Audits überprüft. Die jährliche externe Überprüfung bietet uns die Gelegenheit, Verbesserungspotenziale zu erkennen und die erfolgreiche Implementierung des Umweltschutzes sowie die hierdurch erzielten Erfolge durch externe Dritte bestätigen zu lassen."

Quelle: Aurubis (2013): Nachhaltigkeitsbericht 2013, S. 41. Aurubis AG, Hovestraße 50, 20539 Hamburg

6.2 Umweltziele und Planung zu deren Erreichung

Im Vergleich zur bisherigen Norm wird in der neuen DIN EN ISO 14001:2015 die Unterscheidung zwischen Zielsetzung und Einzelziel aufgehoben.

6.2.1 Umweltziele

Was steht in der Norm?

Nach den Vorgaben der DIN EN ISO 14001:2015 hat die oberste Leitung der Organisation Umweltziele für relevante Funktionsbereiche und Ebenen unter Berücksichtigung der bedeutenden Umweltaspekte und bindenden Verpflichtungen festzulegen sowie die möglichen Risiken und Chancen zu berücksichtigen.

Was die Umweltziele angeht, gibt es seitens der Norm bestimmte Vorgaben, die es seitens der Organisation zu erfüllen gilt:

- Sie müssen auf die Umweltpolitik grob ausgerichtet sein und mit ihr im Einklang stehen, einschließlich der Verpflichtung zur fortlaufenden Verbesserung.
- Sie müssen messbar sein, um die Erreichbarkeit der Umweltziele bewerten zu können. „Messbar" bedeutet, entweder quantitative Kennzahlen oder qualitative Methoden zu verwenden, um festzustellen, ob das Umweltziel erreicht wurde. Durch die Einschränkung „sofern machbar" wird der Tatsache Rechnung getragen, dass nicht jedes Umweltziel, das für die Organisation wichtig ist, auch gemessen werden kann.
- Sie müssen kontinuierlich überwacht werden.
- Sie müssen denjenigen Personen vermittelt werden, die im Auftrag der Organisation Tätigkeiten verrichten und die eventuell das Erreichen der Umweltziele beeinflussen können.
- Sie müssen – soweit erforderlich – aktualisiert werden.

Die Organisation hat den Erreichungsgrad der Umweltziele zu dokumentieren.

Was ist von Ihrer Organisation zu tun?

Die von Ihrer Organisation festgelegten Ziele und Prioritäten müssen durch ein Umweltprogramm umgesetzt werden. Zweck dieses Elements ist die Planung, Regelung und Dokumentation besonders ökologisch relevanter Bereiche Ihrer Organisation.

Folgende Umweltziele sind bei der Erstellung eines Umweltprogramms für Ihre Organisation denkbar:

- Reduktion des Stromverbrauchs um eine bestimmte Prozentzahl (bezogen auf ein Basisjahr)
- Reduktion des Stromverbrauchs pro Mitarbeiter um eine bestimmte Prozentzahl (bezogen auf ein Basisjahr)
- Reduktion des Heizenergieverbrauchs um eine bestimmte Prozentzahl (bezogen auf ein Basisjahr)
- Reduktion des Heizenergieverbrauchs pro Quadratmeter um eine bestimmte Prozentzahl (bezogen auf ein Basisjahr)
- Minderung des Trinkwasserverbrauchs um eine bestimmte Prozentzahl (bezogen auf ein Basisjahr)
- Minderung des Trinkwasserverbrauchs pro Mitarbeiter und Arbeitstag um eine bestimmte Prozentzahl (bezogen auf ein Basisjahr)
- Reduzierung des Abfallaufkommens um eine bestimmte Prozentzahl (bezogen auf ein Basisjahr)
- Verringerung der gefährlichen Abfälle um eine bestimmte Prozentzahl (bezogen auf ein Basisjahr)
- Minderung des Rohstoffverbrauchs um eine bestimmte Prozentzahl (bezogen auf ein Basisjahr)
- Minderung des Rohstoffverbrauchs pro hergestellte Tonne um eine bestimmte Prozentzahl (bezogen auf ein Basisjahr)
- Reduktion des Papierverbrauchs um eine bestimmte Prozentzahl (bezogen auf ein Basisjahr)
- Reduktion des Papierverbrauchs pro Mitarbeiter um eine bestimmte Prozentzahl (bezogen auf ein Basisjahr)
- Verringerung der CO_2-Emissionen um eine bestimmte Prozentzahl (bezogen auf ein Basisjahr)
- Ausweitung bei der Beschaffung umweltfreundlicherer Produkte, Stoffe und Materialien
- Pflege der Innenhofbegrünung
- Einstieg in die Dachbegrünung
- Verbesserung des Umweltverhaltens der externen Nutzer
- Verbesserung und Ausweitung der Seminarangebote

Wie lässt sich die DIN EN ISO 14001:2015 in der Praxis umsetzen?

Praxisbeispiel: Umweltkennzahlen

„Um einen Überblick über die langfristige Entwicklung des Unternehmens in ökologischer Hinsicht zu erhalten, haben wir 2004 ein System von Umweltkennzahlen entwickelt, mit dem sich die Entwicklung der arvato AG in den zurückliegenden Berichtszeiträumen darstellen und Handlungsperspektiven für die Zukunft aufzeigen lassen.

Die Bewertungsbasis ist seit dem Berichtsjahr 2008 der einzelne Mitarbeiter. Die Mitarbeiterzahl blieb durch Neu- und Weiterentwicklung unserer Geschäftsfelder weltweit (...) nahezu konstant. (...)

Für unsere Umweltbilanz werden insgesamt sechs Kennzahlen ausgewertet. Die beiden wichtigsten darunter sind der Energiebedarf und der Treibhauseffekt, der aus den Verbrennungsprozessen in Kraftwerken, Heizungs- und Produktionsanlagen sowie dem Transport von Gütern und Personen resultiert. Das Sommersmogpotenzial stellt die toxischen Auswirkungen bodennahen Ozons dar. Es entsteht durch die Emissionen leichtflüchtiger organischer Kohlenwasserstoffe wie zum Beispiel Methan und Isopropanol. Das Versauerungspotenzial zeigt die schädliche Wirkung von Schwefeldioxid und Stickoxiden auf Gewässer und Böden, das Eutrophierungspotenzial die Gefahren der Überdüngung für unser Ökosystem.

Als weitere Kenngröße wird der Wasserverbrauch dargestellt. Entsprechend der deutlichen Rückgänge bei den absoluten Werten im Input und Output der Umweltbilanz haben sich auch die Kennzahlen gegenüber den vorigen Berichtszeiträumen stark verändert.

Bei den absoluten Werten für den Energieverbrauch ist der starke Rückgang des Verbrauchs von Strom und Heizenergie deutlich erkennbar. Hierfür ist hauptsächlich die Ausgliederung der Druckereien aus der Sparte arvato Print verantwortlich. Gestiegen sind hingegen die Energieeinsätze für die Dienstwagenflotte, was hauptsächlich auf die erstmalig mögliche direkte Auswertung der Fahrzeugdaten aus einer zentral geführten Liste zurückzuführen ist."

Quelle: arvato Bertelsmann AG (2014): Umweltbericht 2012/2013, S. 24.
arvato Bertelsmann AG, An der Autobahn 22, 33333 Gütersloh

Praxisbeispiel: Umweltperformance

„Um über alle wichtigen Umweltkennzahlen die Kontrolle zu behalten, werden sechs Kernindikatoren berechnet und im Marabu Green Development Index (MGDI) zusammengefasst.

Für die Berechnung der Kernindikatoren wird eine zuvor festgelegte Gewichtung der einzelnen Inhaltspunkte vorgenommen.

Unter dem Begriff ‚Umweltmanagement' werden alle Daten bezüglich der ISO-Zertifizierungen und des freiwilligen Engagements sowie Beanstandungen von staatlichen Behörden und privaten Personen zusammengefasst.

Der ‚Product Carbon Footprint' oder auch CO_2-Fußabdruck beziffert jegliche standortbezogenen Emissionen an CO_2-Äquivalenten durch den Verbrauch von Strom und Gas bezogen auf die jeweilige Produktionsmenge. Das Basisjahr 2005 dient als Ausgangspunkt (100 %). Eine Reduktion der Kohlendioxid-Emission um 100 % entspricht der maximal erreichbaren Punktzahl von 10.

Unter die Dimension ‚Energieeffizienz' fallen die Verbräuche in Kilowattstunden, heruntergebrochen auf die Herstellung von einem Kilogramm Farbe. Für die Berechnung des Wasserindikators wird ausschließlich der Frischwasserverbrauch pro kg Farbe genutzt. Im Bereich ‚Abfall' wird zur besseren Analogie die gesamte Abfallsumme einbezogen und ins Verhältnis zur entstandenen Produktionsmenge gesetzt. Somit wird bei diesem Kernindikator nicht in verwertbar oder beseitigungspflichtig unterschieden.

Die Kennzahl der Bewertung für ‚Luft' ergibt sich aus den behördlich vorgeschriebenen Abluftmessungen. Die gemessenen Werte werden mit den Betriebsstunden und dem Massenstrom der Abluft multipliziert. Die Erhebung des Durchschnitts über die letzten fünf Jahre bildet die statistische Basis für eine fundierte Aussage über die Umweltperformance des Berichtsjahres."

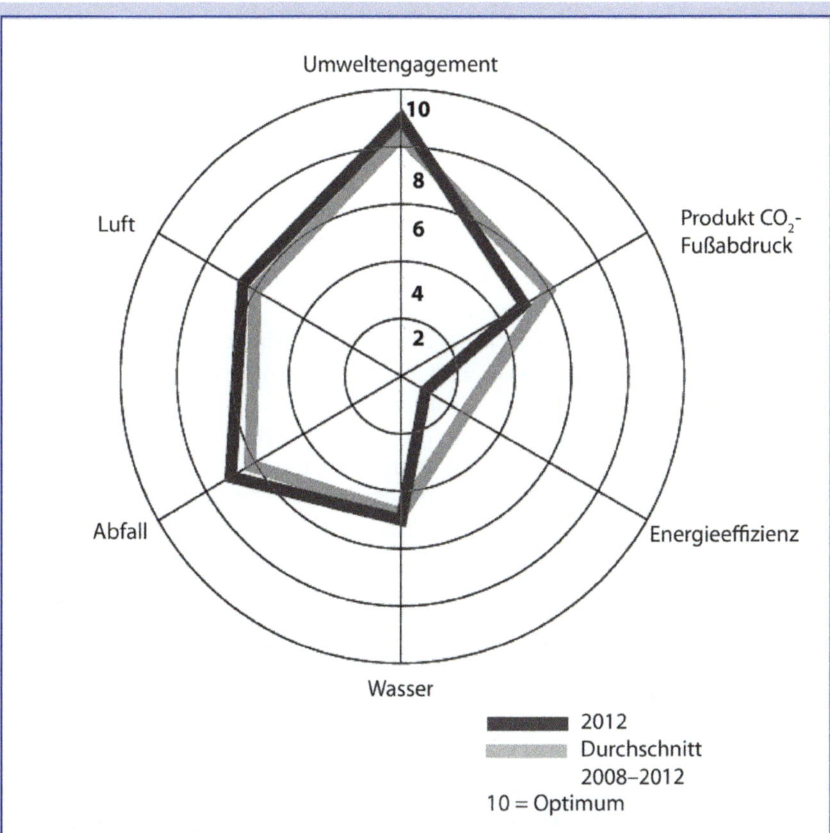

Abb. 10: Umweltperformance

Quelle: Marabu GmbH & Co. KG (2014): Marabu Umweltbericht 2014. Standort Bietigheim-Bissingen, S. 24. Marabu GmbH & Co. KG, Asperger Straße 4, 71732 Tamm

6.2.2 Planung von Maßnahmen zur Erreichung der Umweltziele

Was steht in der Norm?

In der DIN EN ISO 14001:2015 wird genau vorgegeben, in welchen Schritten die Organisation ihre Umweltziele erreichen kann:

a) Was sollte getan werden?
b) Welche finanziellen und organisatorischen Ressourcen sind erforderlich?
c) Wer ist in der Organisation verantwortlich?
d) Bis wann sind die Maßnahmen zur Erreichung der Umweltziele abzuschließen?
e) Wie sind die Ergebnisse zu bewerten, einschließlich der Aufstellung von Kennzahlen, um das Erreichen der messbaren Umweltziele und deren Erfolge oder Misserfolge zu überwachen?

Mit der ausdrücklichen Betonung, dass die Organisation zum Erreichen ihrer Umweltziele die Maßnahmen in die Geschäftsprozesse zu integrieren hat, wird nochmals hervorgehoben, dass das Umweltmanagementsystem strategisch auf allen Ebenen der Organisation zu verorten ist.

Was ist von Ihrer Organisation zu tun?

Sie sollten in Ihrer Organisation die oben beschriebenen Schritte a) bis e) bei der Planung von Maßnahmen zur Erreichung Ihrer Umweltziele nacheinander abarbeiten.

Ein Beispiel für die Umsetzung eines Umweltprogramms finden Sie auf der beiliegenden CD-ROM!

Wie lässt sich die DIN EN ISO 14001:2015 in der Praxis umsetzen?

Eine interessante Bewertung ihres Umweltprogramms hat die Rheinisch-Westfälische Wasserwerksgesellschaft gewählt:

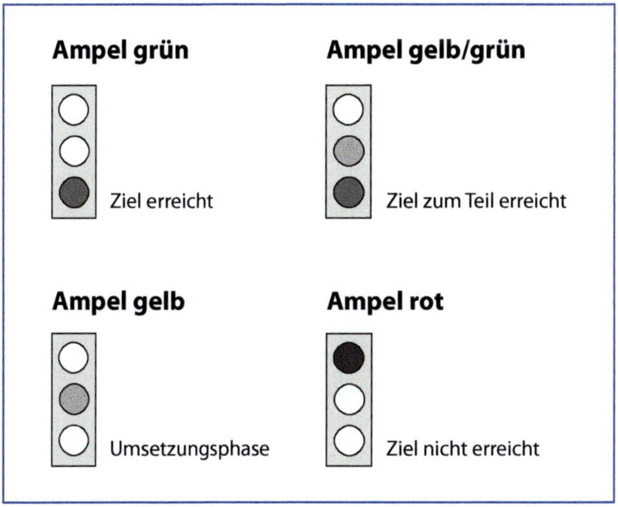

Abb. 11: Umsetzung eines Umweltprogramms

Quelle: RWW Rheinisch-Westfälische Wasserwerksgesellschaft mbH (2015): Umwelterklärung 2015, S. 21.
RWW Rheinisch-Westfälische Wasserwerksgesellschaft mbH, Am Schloß Broich 1–3, 45479 Mülheim an der Ruhr

7 Unterstützung

7.1 Ressourcen

Was steht in der Norm?

In der DIN EN ISO 14001:2015 wird gefordert, dass die Organisation die erforderlichen Ressourcen für den Aufbau, die Verwirklichung, die Aufrechterhaltung und die fortlaufende Verbesserung des Umweltmanagementsystems bestimmen und bereitstellen muss. Zu den Ressourcen zählen sowohl Personal und Infrastruktur als auch Technologie und Finanzmittel.

Was ist von Ihrer Organisation zu tun?

Sie haben für das Funktionieren und die Fortentwicklung Ihres Umweltmanagements sowie die fortlaufende Verbesserung Ihrer Umweltleistungen entsprechende Ressourcen zur Verfügung zu stellen.

Ferner sollten Sie Ihre Verantwortlichen mit den jeweils notwendigen Ressourcen ausstatten.

Wie lässt sich die DIN EN ISO 14001:2015 in der Praxis umsetzen?

Praxisbeispiel: Umweltausschuss als elementarer Produktionsfaktor

„Parallel wurde ein regelmäßig tagender Umweltausschuss etabliert, der eine zentrale Steuerungsfunktion übernimmt. Verbesserungsvorschläge mit konkretem Umweltbezug werden hier ebenso diskutiert und aufbereitet wie Schulungen, neue Gesetzgebungen und Auflagen. Der Umweltausschuss setzt sich aus den von der Geschäftsführung beauftragten Vertretern zusammen:

- Immissionsschutzbeauftragter
- Gewässerschutzbeauftragter
- Fachkraft für Arbeitssicherheit
- Managementsystembeauftragter
- Strahlenschutzbeauftragter
- Brandschutzbeauftragter
- Energiemanager
- Abfallbeauftragter
- Öko-Audit-Beauftragte
- externer Gefahrgutbeauftragter"

Quelle: Steinbeis Papier GmbH (2014): Aktualisierte Umwelterklärung 2014, S. 10 f.
Steinbeis Papier GmbH, Stadtstraße 20, 25348 Glückstadt

7.2 Kompetenz

Was steht in der Norm?

Um sich für den Umweltschutz verantwortlich engagieren zu können, muss nach der DIN EN ISO 14001:2015 Folgendes gewährleistet sein:

a) Es müssen die erforderlichen Kompetenzen für die verantwortlichen Personen bestimmt werden.
b) Es ist sicherzustellen, dass diese Personen auf Grundlage angemessener Ausbildung, Schulung oder Erfahrung über die angemessene Kompetenz verfügen.
c) Der mit den Umweltaspekten und dem Umweltmanagementsystem verbundene Schulungsbedarf ist anzugeben.
d) Wenn erforderlich, sind Maßnahmen einzuleiten, um die benötigte Kompetenz zu erwerben und die Wirksamkeit der getroffenen Maßnahmen zu prüfen.

Die Organisation hat die Nachweise über die Kompetenz ihrer Mitarbeiter zu dokumentieren und die Informationen hierüber aufzubewahren.

Was ist von Ihrer Organisation zu tun?

Die Schulung oder das Mentoring aller Umweltverantwortlichen und ausgewählter Mitarbeiter zu Fragen des betrieblichen Umweltschutzes wird für das Funktionieren Ihres Umweltmanagements als zentral angesehen. Es ist auch ein Beitrag zu dessen fortlaufender Verbesserung. Daneben sollten bei der Schulung oder dem Mentoring auch Fragen zum Umweltrecht sowie zum Arbeits- und Gesundheitsschutz aufgegriffen und eingehend erörtert werden. Ebenso können Ihre internen Audits zur Kompetenzbildung, aber auch zur Entwicklung von Umweltzielen genutzt werden.

Ziel von Schulungen oder Mentoring ist es, die Teilnehmenden für Ihre Umweltaspekte und die Verbesserung Ihres Umweltmanagements zu sensibilisieren und zu qualifizieren. Mitarbeiter sollen die Umweltaspekte, die zu bedeutenden Umweltauswirkungen führen können, erkennen und befähigt werden, die erkannten Probleme zu beheben.

Die Schulungen zu Ihrem Umweltmanagementsystem können folgende Schwerpunkte beinhalten:

- die Bedeutung der Konformität mit Ihrer Umweltpolitik und den zugehörigen Verfahren sowie die Forderungen Ihres Umweltmanagementsystems
- die bedeutenden Umweltauswirkungen aus den Tätigkeiten Ihrer Organisation sowie der Nutzen für die Umwelt aufgrund verbesserter persönlicher Leistung
- die Aufgaben und Verantwortlichkeiten zum Erreichen der Konformität mit Ihrer Umweltpolitik und den Gefahren sowie mit den Forderungen an Ihr Umweltmanagementsystem einschließlich Notfallvorsorge und Gefahrenabwehr
- die möglichen Folgen eines Abweichens bei festgelegten Arbeitsabläufen

Die Ermittlung des Schulungsbedarfs Ihrer Beschäftigten kann über den Abgleich einer Qualifizierungsmatrix erfolgen (siehe hierzu Abb. 12). Diese wird jährlich in einem Qualifizierungsgespräch zwischen Ihren Vorgesetzten und Ihren Mitarbeitern aktualisiert.

<table>
<tr><td colspan="2">Maßnahme für</td><td colspan="2">Geschäftsführung ○
Umweltbeauftragte/-r ○
Sonstige Umweltverantwortliche ○
Abteilungsleiter/-innen ○
Auditoren ○
Beschaffung/Einkauf ○
Reinigungskräfte ○
Kantinenpersonal ○</td></tr>
<tr><td colspan="4">Angegeben wird Schulungsbedarf / Informationsbedarf zu folgenden Themen:</td></tr>
<tr><td>Thema</td><td>Ist-Zustand
1 = keine Kenntnisse vorhanden
2 = Grundkenntnisse vorhanden
3 = gute Kenntnisse vorhanden</td><td>Rechtlicher Status
1 = gesetzlich gefordert
2 = freiwillig</td><td>Dringlichkeit
1 = muss
2 = sollte</td></tr>
<tr><td>1</td><td></td><td></td><td></td></tr>
<tr><td>2</td><td></td><td></td><td></td></tr>
<tr><td>3</td><td></td><td></td><td></td></tr>
<tr><td>Schulung kann erfolgen:</td><td>Thema 1:
Thema 2:
Thema 3:</td><td>○ intern
○ intern
○ intern</td><td>○ extern
○ extern
○ extern</td></tr>
<tr><td>Voraussichtliche Kosten:</td><td>Thema 1:
Thema 2:
Thema 3:</td><td>__________€
__________€
__________€</td><td></td></tr>
<tr><td colspan="4">Anmerkungen:</td></tr>
</table>

Abb. 12: Ermittlung des Schulungsbedarfs

Der Umweltbeauftragte erstellt bis zu einem bestimmten Zeitpunkt einen Schulungsplan für das jeweils kommende Jahr. Dieser wird von Ihnen spätestens im Rahmen der Managementbewertung genehmigt.

Nach erfolgter Schulung ist ein Schulungsnachweis zu den Personalakten zu nehmen.

(Siehe Vorlage dazu auf beiliegender CD-ROM)

Wie lässt sich die DIN EN ISO 14001:2015 in der Praxis umsetzen?

Praxisbeispiel: Schulungsbedarf

„Der Schulungsbedarf der einzelnen Mitarbeitenden wird im Rahmen neuer Anforderungen ermittelt, um daraus die jeweiligen Schulungsmaßnahmen festzulegen. Die Geschäftsleitung von SAT Electronic GmbH

- ermittelt die jeweils notwendigen Fähigkeiten des Personals, das die Produkt- und Dienstleistungsqualität sowie die Umwelt beeinflussende Tätigkeiten ausübt,
- sorgt zur Deckung dieses Bedarfs für Schulungen und eventuell andere Maßnahmen,
- beurteilt die Wirksamkeit der ergriffenen Schulungen und Maßnahmen,
- stellt sicher, dass das Personal sich voll der Bedeutung und Wichtigkeit seiner Tätigkeiten bewusst ist und weiß, wie es zur Erreichung der Qualitäts- und Umweltziele beiträgt,
- führt geeignete Aufzeichnungen zu Ausbildung, Schulung, Fertigkeiten und Erfahrung.

Der Geschäftsführer beurteilt zu gegebener Zeit die Wirksamkeit der ergriffenen Maßnahmen. Zudem werden Aufzeichnungen zu Ausbildung, Schulung, Fertigkeiten und Erfahrung geführt. Für die Schulung des Qualitäts- und Umweltmanagement-Systems erhalten neue Mitarbeitende

- die aktuelle Version des integrierten Qualitäts- und Umweltmanagement-Handbuches, Einführung in das Qualitäts- und Umweltmanagement-System durch den Geschäftsführer.
- die der Funktionen bzw. der Position entsprechenden Verfahrens-, Prozess-, Arbeits- und Prüfanweisungen, Checklisten, Formulare und Listen."

Quelle: Sense Advanced Technology SAT Electronic GmbH (2010): Qualitäts- und Umweltmanagement-Handbuch, S. 18. Sense Advanced Technology SAT Electronic GmbH, Gewerbestraße 4, 83043 Bad Aibling

7.3 Bewusstsein

Der in bisherigen DIN EN ISO 14001:2009 enthaltene Passus, wonach sich Personen, die für die Organisation oder in deren Auftrag arbeiten, über „die möglichen Folgen eines Abweichens von festgelegten Abläufen" bewusst werden sollen, ist entfallen.

Was steht in der Norm?

Nunmehr muss die Organisation sicherstellen, dass Personen, die für sie tätig sind, sich

a) der Umweltpolitik sowie der bedeutenden Umweltaspekte und der tatsächlichen oder potenziellen Umweltauswirkugen,
b) der Wirksamkeit des Umweltmanagementsystems, einschließlich der Vorteile einer verbesserten Umweltleistung,
c) der Folgen einer Nichterfüllung der Anforderungen des Umweltmanagementsystems, einschließlich möglicher Verstöße gegen bindende Verpflichtungen,

bewusst sind.

Was ist von Ihrer Organisation zu tun?

Die Umweltverantwortlichen Ihrer Organisation haben bestimmten Verpflichtungen nachzukommen. Diese sollten jedoch nicht so verstanden werden, dass Umweltpolitik, Umweltmanagement und gesetzliche Anforderungen auswendig gelernt werden. Vielmehr sollten sich die Personen darüber bewusst sein, welchen Einfluss ihre Arbeit darauf hat, die Umweltziele und die gesetzlichen Vorgaben der Organisation zu erfüllen.

Wie lässt sich die DIN EN ISO 14001:2015 in der Praxis umsetzen?

Praxisbeispiel: Bewusstsein

„Nachhaltiges Denken und Handeln lässt sich nicht einfach verordnen, sondern muss von den Menschen im Unternehmen mit Überzeugung gelebt werden. Nach Projekten in früheren Jahren ist das Thema Energiesparen heute fest im Miele-Wertschöpfungssystem integriert, um systematisch alle Mitarbeiter zum Energiesparen zu motivieren. Ein umfangreicher Auftritt im Miele-Intranet und damit verbunden ein E-Learning-Modul sprechen die Mitarbeiter direkt an. Schulungen aller Mitarbeiter erfolgen im jährlichen Rhythmus, oft innerhalb der Arbeitsschutzunterweisungen. Zudem werden in den Werken Faltblätter und Plakate veröffentlicht.

Regelmäßige Energie-Workshops, an denen die Energiebeauftragten aller Werke teilnehmen, halten das Thema lebendig. Bei diesen Treffen werden erfolgreiche Maßnahmen und Potenziale diskutiert und, soweit möglich, anschließend in den jeweils anderen Werken implementiert.

Im Ergebnis können vielfältige Erfolge verbucht werden. So kam es im Zuge der Sensibilisierungsmaßnahmen zu positiven Verhaltensänderungen der Mitarbeiter. Zudem brachten die Mitarbeiter Verbesserungsvorschläge ein, die in vielen Fällen bereits umgesetzt wurden.

Auch in den Vertriebsgesellschaften wird das Bewusstsein der Mitarbeiter für die Umwelt geschärft. In nahezu allen internationalen Büros gibt es Richtlinien für Mitarbeiter nicht nur zur Einsparung von Strom und Wasser, sondern auch zur Papiereinsparung, zu Recycling oder der getrennten Entsorgung von Abfällen. In den US-amerikanischen Büros wurde beispielsweise die Anzahl der Drucker drastisch reduziert."

Quelle: Miele & Cie. KG (2015): Nachhaltigkeitsbericht 2015, S. 59. Miele & Cie. KG, Carl-Miele-Straße 29, 33332 Gütersloh

Praxisbeispiel: Umweltschutz ist Wissenssache

„Jeder einzelne Mitarbeiter bei Steinbeis Papier weiß um die Bedeutung des Umweltschutzes und damit auch um das Engagement unseres Unternehmens. Die Transparenz der Ziele und Programme garantiert eine größtmögliche Motivation.

Der Qualitäts- und Umweltmanagement-Beauftragte zeichnet dafür verantwortlich, das Managementsystem im Unternehmen zu implementieren und kontinuierlich zu verbessern. Die Hinterlegung aller betrieblichen Prozesse in schriftlicher Form dient diesem System in seiner Umsetzung. Ebenfalls diesem System zu Grunde liegt eine schriftlich formulierte Politik der Geschäftsführung. Durch laufende Schulungen wird allen Mitarbeitern des Unternehmens der aktuelle Stand des Managementsystems vermittelt."

Quelle: Steinbeis Papier GmbH (2014): Aktualisierte Umwelterklärung 2014, S. 9.
Steinbeis Papier GmbH, Stadtstraße 20, 25348 Glückstadt

7.4 Kommunikation

Was steht in der Norm?

Die Organisation muss Prozesse für die interne und externe Kommunikation ihres Umweltmanagementsystems aufbauen, verwirklichen und aufrechterhalten.

Besonders wird in der DIN EN ISO 14001:2015 hervorgehoben, dass die Kommunikation

a) transparent sein soll,
b) den Erfordernissen der relevanten interessierten Parteien entsprechen und für diese verstehbar sein soll,
c) wahrheitsgetreu und nicht irreführend gestaltet sein darf,
d) sachlich, präzise und vertrauenswürdig erfolgen soll und
e) keine Informationen weggelassen werden sollen.

Ebenso hat die Organisation auf relevante Äußerungen, die zu ihrem Umweltmanagementsystem gemacht werden, zu reagieren.

Als Nachweis für ihre Kommunikation muss die Organisation ihre Informationen dokumentieren und hinterlegen. Dies ist vor allem für die **internen** Prozesse von Bedeutung, wenn es gilt, Informationen über das Umweltmanagement zwischen den verschiedenen Ebenen und Funktionsbereichen der Organisation zu kommunizieren, einschließlich möglicher Änderungen des Umweltmanagementsystems.

Weiter muss die Organisation ihre Kommunikationsprozesse **intern** so gestalten, dass den Personen, die für die Organisation tätig sind, Möglichkeiten zur fortlaufenden Verbesserung des Umweltmanagements geboten werden.

Extern hat die Organisation die Kommunikationsprozesse so zu handhaben, wie sie sie in ihrem Umweltmanagementsystem festgelegt hat und wie sie durch die bindenden Verpflichtungen gefordert werden.

Was ist von Ihrer Organisation zu tun?

Die Kommunikation Ihrer Organisation erfolgt entweder auf interne oder externe Art und Weise, die im Folgenden beschrieben wird. Sie hat den Zweck, sowohl die interessierten Parteien als auch die Beschäftigten zu informieren und eingehend in das Umweltmanagement einzubinden.

Die Kommunikation mit Ihren Mitarbeitern kann zum einem in einem persönlichen Gespräch stattfinden. Dabei ist die wichtigste Maßnahme der persönliche Kontakt und das Gespräch zwischen den Hauptakteuren Ihres Umweltmanagementsystems und Ihren Mitarbeitern. Mitarbeiter werden darüber hinaus in Rundmails über aktuelle Veränderungen oder Weiterentwicklungen kontinuierlich über die Weiterführung Ihres Umweltmanagementsystems informiert.

Die Informationen werden nicht nur vom Umweltmanagement gesammelt und bewertet, sondern werden den Mitarbeitern auch bekannt gemacht. Dies kann zweckmäßigerweise mittels eines Berichts erfolgen.

Der Bericht des Umweltbeauftragten sollte ökonomische und ökologische Informationen enthalten. Diese können vom Umwelt-Controlling und von der Finanzbuchhaltung zur Verfügung gestellt werden. Der Bericht sollte auf wesentliche Veränderungen des Umweltmanagements eingehen und einen Soll-Ist-Vergleich vornehmen, um das Erreichen der präferierten Umweltziele zu bewerten und die bedeutenden Umweltaspekte zu würdigen. Notwendigerweise wird eine Darstellung zukünftiger Entwicklungen vorgenommen, woraus sich dann alternative Strategien ableiten lassen. Der Bericht wird insbesondere auf ökonomische Daten wie Umweltinvestitionen (monetär und Beschreibung der Maßnahme), Umweltkosten und Personaldaten sowie ökologische Daten wie Ressourcenverbrauch (Strom, Heizenergie, Wasser, Materialien), Emissionen, Abfallaufkommen, umweltrelevante Schulungen (Anzahl durchgeführter Schulungen, Anzahl Teilnehmer), Verkehrsaufkommen (Transport, Individualverkehr der Mitarbeiter), Materialwirtschaft (Mengen, Arten, Wiederverwertung) eingehen.

Wie lässt sich die DIN EN ISO 14001:2015 in der Praxis umsetzen?

Praxisbeispiel: Informationsangebote

„Die Compliance-Kommunikation dient der Sensibilisierung sowie der Vermittlung von Wertevorstellungen und Erwartungen an das Verhalten der Mitarbeiter. Mit verschiedenen Kommunikationsmaßnahmen wird die tiefgreifende Verankerung von Compliance bei ZF unterstützt und Mitarbeiter werden über verschiedene Kommunikationskanäle kontinuierlich über aktuelle Compliance-Themen informiert."

Quelle: ZF Friedrichshafen AG (2015): Nachhaltigkeitsbericht 2014, S. 68.
ZF Friedrichshafen AG, Graf-von-Soden-Platz 1, 88046 Friedrichshafen

Praxisbeispiel: Wissensmanagement

„Ziel des Wissensmanagements ist der bewusste, verantwortungsvolle und systematische Umgang mit der Ressource Wissen. Um Wissen in der Organisation zu halten, führt ZF Wissensstafetten durch, bei denen ausscheidende Mitarbeiter ihr Erfahrungswissen der Organisation zur Verfügung stellen.

Die Dokumentation erfolgt über Speichermedien, die es ermöglichen, Know-how zu teilen, auszutauschen und über Suchmaschinen gezielt nach spezifischen Anfragen aufzufinden. Collaboration Rooms, Wikis und virtuelle Kommunikationsmedien unterstützen die virtuelle Zusammenarbeit der Mitarbeiter. In Best-Practice-Datenbanken werden wertvolle Praxiserfahrungen festgehalten und für eine wiederholte Anwendung zur Verfügung gestellt."

Quelle: ZF Friedrichshafen AG (2015): Nachhaltigkeitsbericht 2014, S. 60.
ZF Friedrichshafen AG, Graf-von-Soden-Platz 1, 88046 Friedrichshafen

Tab. 10: Formen der Stakeholderkommunikation

Mitarbeiter	Mitarbeiterzeitung „we move", Intranet, Internet, interne Kommunikationskampagnen wie „Jahr der Energie", ZF-Familientag, Wanderausstellung, Soziales/ZF hilft
Potenzielle Mitarbeiter	Hochschulkooperationen, Geschäftsbericht, Unternehmensreport, Unternehmensmagazin „Drive", ZF-Website, Messebeteiligungen, Social Media, Anzeigen
Kunden	Geschäftsbericht, Unternehmensreport, Unternehmensmagazin „Drive", ZF-Website, Broschüren, Anzeigen, Kundentage, Messebeteiligungen
Lieferanten und Partner	Geschäftsbericht, Unternehmensreport, Unternehmensmagazin „Drive", ZF-Website, Messebeteiligungen, Anzeigen, Lieferantentage, Broschüre Kernstrategie Einkauf
Politik, Verbände, Interessengruppen	Geschäftsbericht, Unternehmensreport, ZF-Website, persönliche Gespräche
Bildungseinrichtungen	Hochschulkooperationen, Geschäftsbericht, Unternehmensreport, ZF-Website, Messebeteiligungen, Anzeigen
Presse und Medien	Geschäftsbericht, Unternehmensreport, ZF-Website, Unternehmensmagazin „Drive", Pressemitteilungen, Pressekonferenzen
Standortgemeinden	ZF-Familientag, Presse, ZF-Website, Anzeigen, Sponsoring, regionale Messen wie die Internationale Bodenseeausstellung (IBO)
Ehemalige Mitarbeiter	Unternehmensmagazin „Drive", ZF-Familientag, Internationale Bodenseeausstellung (IBO), ZF-Website, ZF Rentner-Verein
Endkunden	Geschäftsbericht, Unternehmensreport, Messen wie IAA, NAIAS, Unternehmensmagazin „Drive", ZF-Website, Broschüren, Anzeigen, Social Media

Quelle: ZF Friedrichshafen AG (2015): Nachhaltigkeitsbericht 2014, S. 20

7.5 Dokumentierte Information

Was steht in der Norm?

Das Umweltmanagementsystem ist von der Organisation zu dokumentieren, wobei sich der Umfang der dokumentierten Information von Organisation zu Organisation unterscheiden kann, und zwar aufgrund:

- der Größe der Organisation
- der Art ihrer Tätigkeiten, Prozesse, Produkte und Dienstleistungen
- der bindenden Verpflichtungen
- der Komplexität ihrer Prozesse und deren Wechselwirkungen
- der Kompetenz der Personen, die für die Organisation tätig sind

In der DIN EN ISO 14001:2015 wird unter der Überschrift „Erstellen und Aktualisieren" gefordert, dass die Organisation

a) ihre dokumentierte Information angemessen zu kennzeichnen und zu beschreiben hat, indem sie diese z.B. mit Titel, Datum, Autor oder Referenznummer versieht,
b) sie in einem angemessenen Format (z.B. Sprache, Software-Version, Grafiken) und Medium (z.B. Papier, elektronisch) wiedergibt und
c) ihre Überprüfung und Genehmigung im Hinblick auf Eignung und Angemessenheit sicherstellt.

Ebenso wird in der Norm eine geeignete Lenkung der dokumentierten Information gefordert, um sicherzustellen, dass sie

a) verfügbar und leicht auffindbar ist, wenn sie zu einem bestimmten Zeitpunkt und an einem bestimmten Ort benötigt wird, und
b) angemessen geschützt wird (z.B. im Falle vertraulicher Informationen, unsachgemäßen Gebrauchs oder bei Verlust der Integrität).

Zur Lenkung ihrer dokumentierten Information muss die Organisation Folgendes berücksichtigen:

- Verteilung, Zugriff, Auffindbarkeit und Verwendung
- Ablage/Speicherung und Gewährleistung der Lesbarkeit
- Überwachung der Änderungen von Versionen
- Aufbewahrung und Verfügung über den weiteren Verbleib

Aber die Lenkung hat nicht nur für interne Dokumente und Aufzeichnungen zu erfolgen, sondern auch extern dokumentierte Information, die von der Organisation als notwendig für Planung und Betrieb des Umweltmanagementsystems angesehen wird, ist angemessen zu kennzeichnen und zu lenken.

Was ist von Ihrer Organisation zu tun?

In der DIN EN ISO 14001:2015 wird in Anhang A zwar explizit darauf hingewiesen, dass die dokumentierten Informationen nicht zwingend in einem Handbuch niedergelegt werden müssen. Doch hat es sich in der bisherigen Praxis durchaus als sinnvoll erwiesen, wenn Sie sich für die Abfassung eines Umweltmanagementhandbuchs entschieden haben. Im Vergleich zu früheren Handbüchern kann es durchaus knapp gehalten werden, da es nur noch wenige formale Vorgaben gibt.

Trotzdem müssen Ihre Prozesse sicher wiederholbar sein. Falls dazu eine Dokumentation erforderlich ist, ist sie von Ihnen vorzunehmen. Ebenso sind die Abläufe Ihres Umweltmanagements so anzulegen, dass sie auch von externer Seite nachzuverfolgen sind: Falls dazu dokumentierte Informationen notwendig sind, sollten sie von Ihnen zusammengestellt werden.

Mithilfe Ihres Handbuchs können Sie Ihr Umweltmanagementsystem beschreiben, definieren und die Handlungsweisen zu dessen fortlaufender Verbesserung festlegen.

Das Handbuch Ihrer Organisation kann als EDV-Version im Intranet oder als cloudbasierte Lösung hinterlegt werden.

Alle Handbuch-Empfänger sollten von Ihnen EDV-gestützt registriert werden.

Zu den Aufgaben Ihrer für das Umweltmanagement verantwortlichen Person gehört ferner die fortlaufende Aktualisierung des Handbuchs. Veränderungen in der Umweltgesetzgebung sowie Neuregelungen betrieblicher Prozesse, Verfahren und Gegebenheiten mit Umweltrelevanz sollten in der jeweils verabschiedeten Form in Ihr Handbuch übernommen werden.

Die umweltrelevanten Gesetze und Verordnungen sollten von Ihrer Organisation vierteljährlich auf ihre Aktualität überprüft werden. Ungültige Gesetze, Verordnungen und Normen werden danach für ungültig erklärt und entsprechend gekennzeichnet.

Die Lenkung der dokumentierten Information aus dem Umweltmanagementsystem sollte durch die von Ihnen beauftragten Umweltverantwortlichen vorgenommen werden.

Für die regelmäßige Aktualisierung und Anpassung Ihrer dokumentierten Information sind die von Ihnen ernannten Umweltverantortlichen zuständig. Eine Überprüfung der jeweiligen Elemente Ihres Handbuchs sollte nach Bedarf, spätestens jedoch nach zwölf Monaten, erfolgen.

Wie lässt sich die DIN EN ISO 14001:2015 in der Praxis umsetzen?

In der Praxis sollte das Handbuch an die neue Struktur der DIN EN ISO 14001:2015 angepasst werden.

Einen entsprechenden Strukturvorschlag für ein solches Handbuch finden Sie auf Ihrer CD-ROM unter „Inhaltsverzeichnis Umweltmanagementhandbuch nach DIN EN ISO 14001:2015".

Praxisbeispiel: Umweltmanagementhandbuch

„Die Regelungen zu unserem Umwelt- und Energiemanagementsystem sind in einem webbasierten Organisationshandbuch enthalten, in das ebenfalls Qualitätsaspekte sowie die Belange des Arbeits- und Gesundheitsschutzes integriert sind. Das Handbuch ist prozessorientiert aufgebaut, so dass Aufbau- und Ablauforganisation eigenständige Kapitel sind. In der Aufbauorganisation ist verbindlich festgelegt, welche Rechte und Pflichten die verschiedenen Gruppen innerhalb unseres Unternehmens innehaben. Die internen und externen Aktivitäten sind in einer Ablauforganisation enthalten.

Mit Hilfe des Handbuchs können sich alle Mitarbeiterinnen und Mitarbeiter zu jedem Zeitpunkt einen Überblick über die umwelt-, energie- und sicherheitsrelevanten Abläufe und Organisationsstrukturen verschaffen. Die Verfahrens- und Arbeitsanweisungen stehen im Intranet allen Beschäftigten in aktueller Version jederzeit zur Verfügung."

Quelle: Loer & Schäfer GmbH (2013): Nachhaltigkeitsbericht 2013, S. 6.
Loer & Schäfer GmbH, Nordstraße 27, 33181 Bad Wünnenberg-Haaren

8 Betrieb

8.1 Betriebliche Planung und Steuerung

Was steht in der Norm?

Im Unterschied zur früheren Version fordert die DIN EN ISO 14001:2015 keine vorgegebenen und festgelegten Abläufe mehr. Vielmehr sind Art und Ausmaß der Ablaufsteuerung von der Art der Betriebsabläufe, den Risiken und Chancen, bedeutenden Umweltaspekten und bindenden Verpflichtungen abhängig. Eine Organisation kann flexibel die erforderlichen Methoden zur Ablaufsteuerung auswählen, damit die Prozesse wirksam und die gewünschten Ergebnisse erreicht werden.

Sie muss allerdings geplante Änderungen überwachen sowie die Folgen unbeabsichtigter Änderungen beurteilen und, falls notwendig, Maßnahmen ergreifen, um negative Auswirkungen zu mindern.

Darüber hinaus hat die Organisation sicherzustellen, dass auf ausgegliederte Prozesse entsprechend Einfluss genommen werden kann. Die Art und das Ausmaß der Steuerung oder des Einflusses, die auf diese Prozesse angewendet werden, müssen innerhalb des Umweltmanagementsystems festgelegt sein. Damit erhält der Betrachtungshorizont des Umweltmanagements eine erhebliche Weiterung, indem nicht nur die innerbetrieblichen, sondern auch die ausgegliederten Prozesse zu betrachten sind.

Damit dies gegeben ist, hat ein ausgelagerter Prozess folgende Kriterien zu erfüllen:

- Er liegt innerhalb des Anwendungsbereichs des Umweltmanagementsystems.
- Er ist für das Funktionieren der Organisation wesentlich.
- Er ist für das Erreichen der beabsichtigten Ergebnisse des Umweltmanagementsystems erforderlich.
- Die Haftung für die Übereinstimmung mit den Anforderungen verbleibt bei der Organisation.
- Die Organisation und der externe Anbieter haben eine Beziehung, bei der der Prozess von interessierten Parteien

so wahrgenommen wird, als ob er durch die Organisation selbst durchgeführt würde.

Eng verbunden mit den ausgegliederten Prozessen ist die Betrachtung des Lebensweges von Produkten/Dienstleistungen. Dabei hat die Organisation

a) angemessene Steuerungsmaßnahmen aufzubauen, damit die Umweltanforderungen beim Entwicklungsprozess für das Produkt oder die Dienstleistung unter Berücksichtigung jedes Lebenswegabschnitts betrachtet werden können,
b) die Umweltanforderungen für die Beschaffung von Produkten und Dienstleistungen zu bestimmen,
c) die wesentlichen Umweltanforderungen an externe Anbieter, einschließlich Vertragspartner, zu kommunizieren,
d) die Notwendigkeit zu berücksichtigen, Informationen über mögliche bedeutende Umweltauswirkungen im Zusammenhang mit dem Transport oder der Lieferung, Nutzung, Behandlung am Ende des Lebenswegs und endgültige Beseitigung der Produkte und Dienstleistungen bereitzustellen.

In Abbildung 13 werden die Prozessschritte eines Produkt-Lebenszyklus-Modells wiedergegeben.

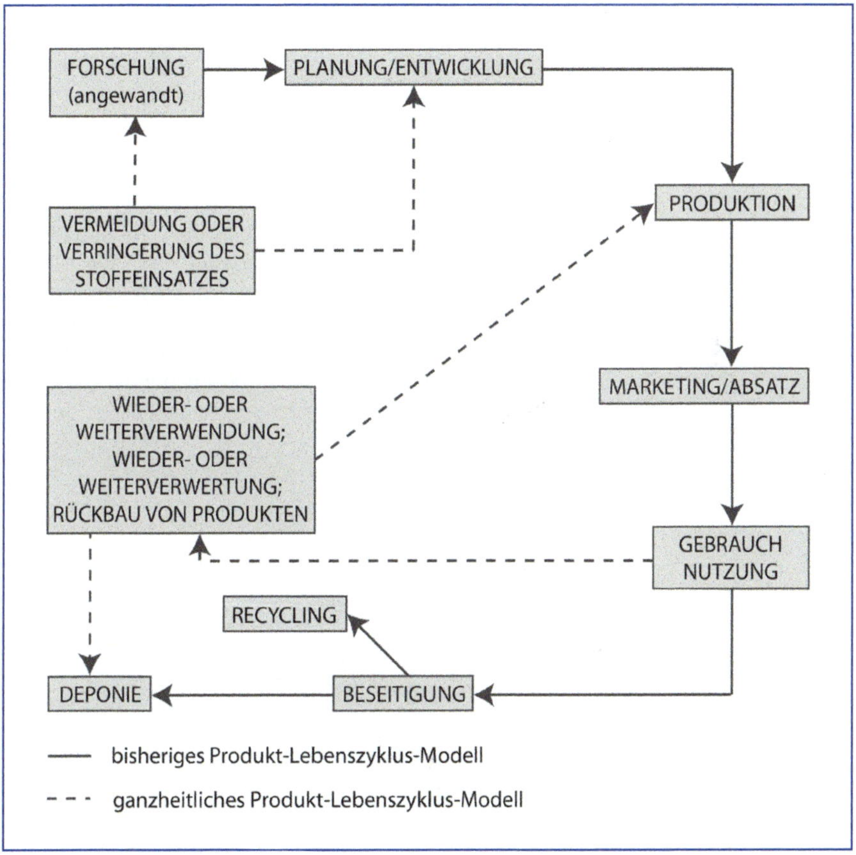

Abb. 13: Produkt-Lebenszyklus-Modell

Dokumentierte Informationen sind im notwendigen Umfang vorzuhalten, um die Prozesse wie geplant durchzuführen.

Was ist von Ihrer Organisation zu tun?

Die Betrachtung des Lebensweges eines Produkts oder einer Dienstleistung kann zurzeit auf vielfältige Weise von Ihnen vorgenommen werden:

1. Ökobilanzen

Die Ergebnisse einer Ökobilanz (Life Cycle Assessment, LCA) können zur Prozessoptimierung in Richtung auf eine nachhaltige Produktion genutzt werden. Sie dienen bei der Produktbewertung als Entscheidungshilfe.

Grundsätze und Regeln zur Durchführung einer Ökobilanz basieren auf der DIN EN ISO 14040, in der Grundsätze und Rahmenbedingungen formuliert werden, und der DIN EN ISO 14044, in der die Anforderungen beschrieben werden. Ökobilanzen beschreiben den Weg eines Produkts „von der Wiege bis zur Bahre". Danach umfasst die Ökobilanz vier Elemente, nämlich die Definition von Ziel und Untersuchungsrahmen, die Sachbilanz, die Wirkungsabschätzung und die Auswertung.

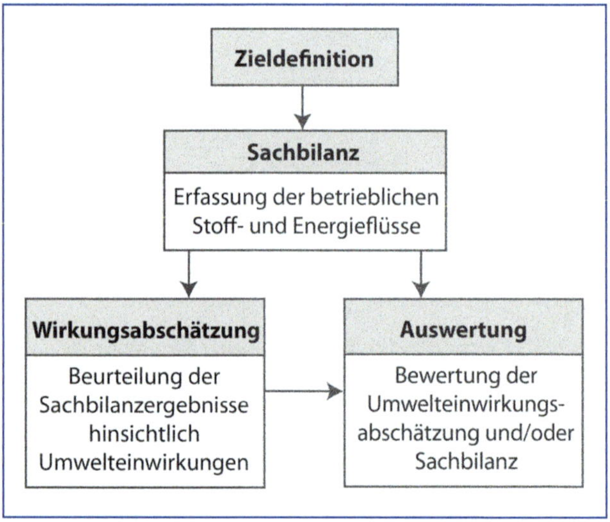

Abb. 14: Ökobilanz

2. Ökoeffizienzbewertung von Produktsystemen

Die Ökobilanz nach der DIN EN ISO 14040:2009 und der DIN EN ISO 14044:2006 stellt die Grundlage für die Ökoeffizienzbewertung dar. Mit ihr werden die Inputs und Outputs eines Produkts über seinen Lebensweg hinweg zusammengestellt und quantifiziert. Die Ökoeffizienzbewertung kann sich direkt auf die **Sachbilanzergebnisse** einer solchen Ökobilanz beziehen. Die **Wirkungsabschätzung** muss ebenfalls nach der DIN EN ISO 14044:2006 und der DIN EN ISO 14040:2009 durchgeführt werden. Bestimmte Wirkungsindikatoren für den Lebensweg dürfen nach der DIN EN ISO 14044:2006 für die Ökoeffizienzbewertungen verwendet werden. Aufgrund dieser Daten kommt es zumeist zu einem Ökoeffizienzprofil.

Um die **Bewertung des Produktsystemnutzens** vornehmen zu können, muss der ganze Lebensweg betrachtet werden. Da ein Produktsystem verschiedene Nutzenaspekte – von funktionell über monetär bis hin zu ästhetisch – beinhalten kann, können zur Bewertung des Produktsystemnutzens mehrere Möglichkeiten verwendet werden.

3. Product Carbon Footprint (PCF)

Die PAS 2050 präzisiert die Anforderungen für die Bilanzierung der jeweils über den gesamten Lebenszyklus betrachteten Treibhausgasemissionen von Gütern und Dienstleistungen (im Folgenden zusammenfassend Produkte genannt), basierend auf den wichtigsten Ökobilanzierungstechniken und -prinzipien. Die PAS 2050 eignet sich für Unternehmen, die Treibhausgasemissionen von Produkten über den gesamten Lebenszyklus oder „von der Wiege bis zum Fabrikstor" („cradle-to-gate") zu berechnen.

Mit der PAS 2050 können Anforderungen für die Systemgrenzen aufgezeigt, die Quellen der von den Produkten ausgehenden Treibhausgasemissionen bestimmt, der Datenbedarf für die Durchführung der Analyse und die Berechnung der Ergebnisse präzisiert werden.

4. Wasserfußabdruck

Neben den CO_2-Emissionen von Produkten wird in jüngster Zeit auch die Gesamtmenge an virtuellem Wasser untersucht, die während des Herstellungsprozesses eines Produkts verbraucht oder verschmutzt wird. Will man den virtuellen Wassergehalt eines Produkts berechnen, müssen alle Schritte der Produktion berücksichtigt werden.

Virtuelles Wasser setzt sich aus blauem, grauem und grünem virtuellem Wasser zusammen.

- **Grünes virtuelles Wasser** zeigt an, wie viel Regenwasser im Boden gespeichert ist und während des Wachstums von Pflanzen aufgenommen werden kann.
- **Blaues virtuelles Wasser** ist die Menge an Grundwasser, das für die Herstellung eines Produkts benötigt wird und nicht mehr zurückgeführt werden kann.
- **Graues virtuelles Wasser** ist die rechnerische Wassermenge, die während der Herstellung eines Produkts verschmutzt wird und nicht mehr länger eingesetzt werden kann.

Um den Verbrauch von Wasser bei der Herstellung verschiedener Produkte analysieren zu können, gibt es den Product Water Footprint (PWF), der sich in der Menge an verbrauchtem virtuellem Wasser entlang der gesamten Wertschöpfungskette widerspiegelt. Für den PWF gibt es noch keine einheitlichen Standards, nach denen bilanziert und zertifiziert wird.

5. Balanced Scorecard von Produkten

Produktbezogene Fußabdrücke wie z.B. der PCF oder der PWF sind wichtig, um Prozesse zu optimieren und transparenter zu machen. Doch ein Fußabdruck beschäftigt sich nur mit einem Aspekt des Produkts. So kann eine Verbesserung in einem Bereich durchaus zu einer Verschlechterung in einem anderen führen. Vor diesem Hintergrund entstand die Idee zur Entwicklung einer produktbezogenen Balanced Scorecard (PBSC), mit der die Zusammenhänge der einzelnen Umweltaspekte hergestellt werden können. Die PBSC hilft Ihnen sowohl auf strategischer als auch auf operativer Ebene beim Erreichen Ihrer Ziele und Visionen. Diese Ziele können mit der PBSC anhand von Kennzahlen und konkreten Maßnahmen operationalisiert werden.

Wie lässt sich die DIN EN ISO 14001:2015 in der Praxis umsetzen?

Praxisbeispiel: Produktlebenszyklus

„1

Unser Ziel ist es, ökologische Kriterien in den täglichen Ablauf der Produktgestaltung zu integrieren. Dies bedeutet, ökologische Aspekte schon beim gestalterischen und technischen Entwurf, bei der Materialauswahl und der Wahl der Produktionsprozesse zu berücksichtigen. Dabei ist der gesamte Lebenszyklus eines Produktes zu bedenken, um dieses so zu gestalten, dass es möglichst ressourceneffizient, schadstoff- und abfallarm, recyclingfähig, langlebig und reparierbar von der Herstellung bis zum Gebrauchsende ist.

2

Bei der Beschaffung von Rohstoffen und Materialien legen wir neben den kommerziellen und technischen Aspekten Wert darauf, dass unsere Zulieferer sozial- und umweltverträglich arbeiten. Aus diesem Grund wurde ein Verhaltenskodex für Girsberger Lieferanten erarbeitet. Dieser Kodex enthält die wichtigsten, fundamentalen Kriterien, die ein Girsberger Lieferant erfüllen muss. Dabei geht es z.B. um die Einhaltung der lokalen Gesetze, der grundlegenden Menschen- und Arbeitsrechte sowie ein Korruptionsverbot.

3

Ende 2014 erfolgte die Inbetriebnahme eines modernen Einlagencutters. Dadurch kann der Verschnitt von Bezugsstoffen um durchschnittlich 10 % reduziert werden. Die Ausbeute von Holz und Metall sowie die Verschnitt-Faktoren von Leder und Stoff werden kontinuierlich überwacht.

4

Holzabfälle im Werk Bützberg werden vollständig für die Heizenergie eingesetzt. Würde dieselbe Heizleistung mit fossilen Brennstoffen erzeugt, entstünden dabei jährlich ca. 400 Tonnen CO_2. 2014 konnte in Bützberg durch Sanierung der Gebäudehülle Werk I sowie begleitende Maßahmen im Bereich Betriebsökologie der Energieverbrauch weiter reduziert werden.

5

Wir produzieren energieeffizient und gehen mit den Rohstoffen sorgfältig um. Natürlich lassen sich im Produktionsprozess und im Vertrieb nicht sämtliche CO_2-Emissionen vermeiden. Diese verbleibenden Emissionen – im Jahr 2014 670 Tonnen – kompensieren wir mit Fair Recycling. Diese Schweizer Klimaschutzstiftung trägt mit fairem Recycling von ausgedienten FCKW-haltigen Kühlgeräten in Schwellenländern zum weltweiten Klimaschutz bei. Damit verbindet Fair Recycling Klima- und Ressourcenschutz mit sozialem Engagement. Seit 2013 werden 100 % des eigenen Strombedarfs an unseren Standorten Bützberg und Endingen mit Ökostrom aus Wasserkraft und Sonnenenergie gedeckt. Die Photovoltaikanlage auf der Produktionsanlage in Endingen produzierte zwischen 2011 und 2014 42,62 % des Strombedarfs am Standort Endingen.

6

Bei der Vergabe von Aufträgen bevorzugen wir wenn möglich Lieferanten, die sich in der Nähe unserer Produktionsstandorte befinden. Dies ist allerdings aufgrund des großen Kostendrucks zunehmend schwierig. Die Verschiebung des Einkaufsvolumens in Richtung Osten hat sich fortgesetzt. Stammten unsere Zulieferer in 2012 noch zu 90,2 % aus einem Umkreis von 600 km, waren dies in 2014 noch 87,8 %.

7

Langlebige Produkte sind eine wichtige Voraussetzung für den nachhaltigen Umgang mit Ressourcen. Mit unserer Dienstleistung Service & Remanufacturing setzen wir uns dafür ein, dass Bürostühle oder andere Sitzmöbel nicht vorschnell entsorgt und ersetzt werden, sondern dank fachkundiger Pflege und Wiederinstandsetzung länger in Gebrauch bleiben, respektive einer zweiten Benutzungsdauer zugeführt werden können. Unabhängig davon, ob es sich um Girsberger Produkte oder fremde Produkte handelt.

8

Mit der fachgerechten Entsorgung durch ein zertifiziertes Unternehmen schaffen wir die Voraussetzungen für die Rückführung der Rohstoffe in den Materialkreislauf."

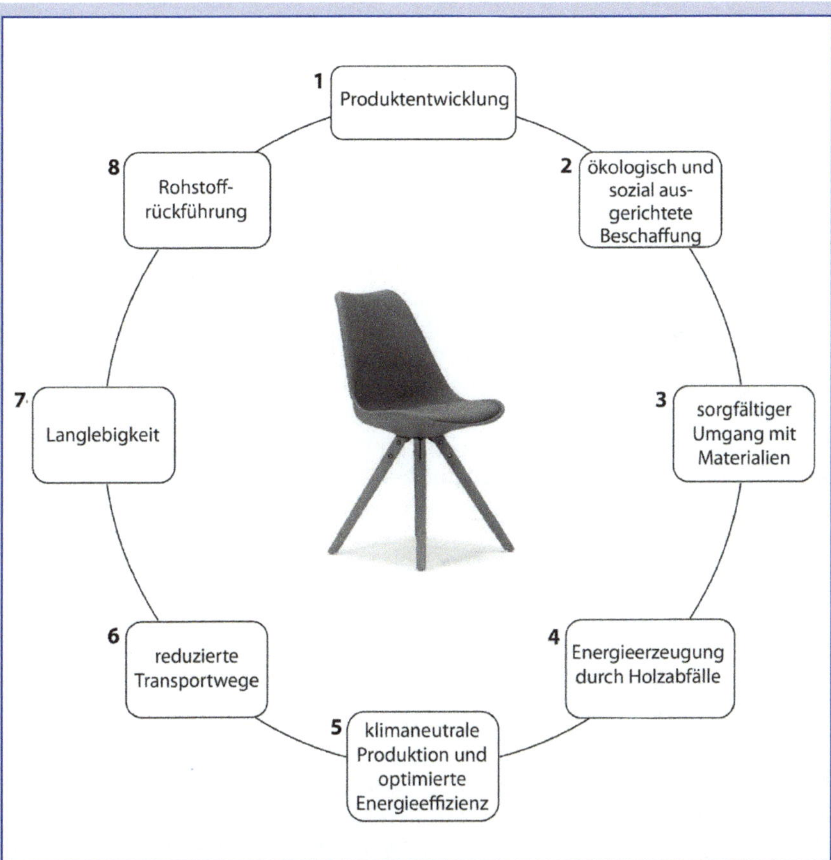

Abb. 15: Produktlebenszyklus Stuhl

Quelle: Girsberger Holding AG (2014): Bericht 2014 zur Nachhaltigkeit, S. 28 f.
Girsberger Holding AG, Bernstraße 78, CH-4922 Bützberg

Praxisbeispiel: Product Carbon Footprint

„Die Erfassung des Corporate Carbon Footprint ist ein wichtiger Schritt auf dem Weg zu nachhaltigen Produkten und Leistungen. Die Erstellung eines Product Carbon Footprint geht noch weiter: Er bezieht nicht nur die unternehmenseigenen Abläufe, sondern die gesamte Wertschöpfungskette in die Emissionsbilanz ein. So können Prozesse noch nachhaltiger und umweltgerechter gestaltet werden. Mit einer umfassenden CO_2-Bilanzierungssoftware liefert arvato die Basis für beides.

Mit der Software können Unternehmen alle im Geschäftsbetrieb anfallenden Emissionen genau erfassen – für Transporte und Standorte ebenso wie für weitere spezielle Prozesse in der Supply Chain. Bei der Berechnung des Corporate Carbon Footprint werden direkte Emissionen, zum Beispiel durch Produktionsanlagen oder den Fuhrpark, sowie indirekte Emissionen, etwa durch Strom- und Gasverbrauch oder Geschäftsreisen und Pendlerfahrten, berücksichtigt. Der Product Carbon Footprint bezieht darüber hinaus die Lieferanten und den After Market ein. Die CO_2-Emissionen werden auf eine zentrale Ausbringungseinheit bezogen – zum Beispiel auf ein T-Shirt oder ein Medikament. Bei beiden Bilanzierungen werden Emissionstreiber gezielt identifiziert, Optimierungsmaßnahmen können passend ausgewählt werden.

Die Analysen und Berechnungen basieren auf dem Greenhouse Gas Protocol und der DIN EN 16258 sowie deren französischer Entsprechung, dem Decree 2011-1336. Sie berücksichtigen alle relevanten und normgerechten Emissionsfaktoren gemäß dem Kyoto-Protokoll der Vereinten Nationen. Natürlich kann die Software an Energiemanagementsysteme angebunden werden, um die Kennzahlen kontinuierlich zu überwachen.

Speziell für das Transportmanagement gibt es Analysewerkzeuge, die unter anderem Transportmittel miteinander vergleichen, den zeitlichen Verlauf von Emissionen darstellen sowie Vorhersagen, Benchmarks und Simulationen ermöglichen. Durch den Vergleich der Soll- und Ist-Werte der CO_2-Bilanz und die Überwachung der individuellen Kennzahlen schafft das CO_2-Bilanzierungstool von arvato vollständige Transparenz mit umfassenden Kontrollmöglichkeiten."

Quelle: arvato Bertelsmann AG (2014): Umweltbericht 2012/2013, S. 24.
arvato Bertelsmann AG, An der Autobahn 22, 33333 Gütersloh

Praxisbeispiel: Wasser-Fußabdruck von Produkten

„Die Wasserressourcen der Erde sind ungleich verteilt und durch zunehmende Verschmutzung und Übernutzung bedroht. Für uns ist es daher ein wichtiges Ziel, den Wasserverbrauch während Produktion und Anwendung unserer Produkte zu reduzieren.

Um auch hier geeignete Ansatzpunkte für Verbesserungen zu ermitteln, beteiligen wir uns an der Entwicklung von Methoden zum sogenannten Water Footprinting. Zum Beispiel untersuchten wir 2010 gemeinsam mit der Eidgenössischen Technischen Hochschule (ETH) in Zürich die Auswirkungen des Wasserbedarfs unserer Waschmittelproduktion an unseren Standorten in der Region Naher Osten/Nordafrika. Im Zentrum stand dabei die Betrachtung der unterschiedlichen Wasserbedarfe für die Produktion von Pulver- und Flüssigwaschmitteln unter Berücksichtigung regionaler Gegebenheiten wie Wasserverfügbarkeit, -knappheit und -qualität.

Unsere Erfahrungen aus solchen Pilotprojekten bringen wir in die Diskussion zur Entwicklung eines internationalen ISO-Standards (ISO 14.046) für einen ‚Wasser-Fußabdruck' ein."

Quelle: Henkel AG & Co. KGaA (2016), kann unter http://nachhaltigkeitsbericht.henkel.de/produktverantwortung/nachhaltigkeit-messen/ heruntergeladen werden. Henkel AG & Co. KGaA, Henkelstraße 67, 40589 Düsseldorf

Praxisbeispiel: Ökobilanz

„Entscheidend für die Umweltverträglichkeit eines Fahrzeugs ist die Umweltbelastung durch Emissionen und Ressourcenverbrauch über den gesamten Lebenszyklus (...). Das standardisierte Werkzeug zur Bewertung der Umweltverträglichkeit ist die Ökobilanz. Sie erfasst sämtliche Umweltwirkungen eines Fahrzeuges von der Wiege bis zur Bahre, das heißt, von der Rohstoffgewinnung über Produktion und Gebrauch bis zur Verwertung.

In der Mercedes-Benz Pkw-Entwicklung werden Ökobilanzen für die Bewertung und den Vergleich verschiedener Fahrzeuge, Bauteile und Technologien eingesetzt. Die Normen DIN EN ISO 14040 und DIN EN ISO 14044 geben den Ablauf und die erforderlichen Elemente vor.

Die Elemente einer Ökobilanz sind:

- Untersuchungsrahmen: stellt Ziel und Rahmen einer Ökobilanz klar.
- Sachbilanz: erfasst die Stoff- und Energieströme während aller Schritte des Lebensweges: wie viel Kilogramm eines Rohstoffs fließen ein, wie viel Energie wird verbraucht, welche Abfälle und Emissionen entstehen usw.
- Wirkungsabschätzung: beurteilt die potenziellen Wirkungen des Produkts auf die Umwelt, wie beispielsweise Treibhauspotenzial, Sommersmogpotenzial, Versauerungspotenzial und Eutrophierungspotenzial.
- Auswertung: stellt Schlussfolgerungen dar und gibt Empfehlungen."

Quelle: Daimler AG (2015): Life Cycle Overall Documentation. Umweltzertifikat GLC, S. 11.
Daimler AG, Mercedesstraße 137, 70327 Stuttgart

8.2 Notfallvorsorge und Gefahrenabwehr

Was steht in der Norm?

Auf mögliche Notfallsituationen muss die Organisation vorbereitet sein, indem sie:

- Maßnahmen zur Verhinderung oder Minderung nachteiliger Umweltauswirkungen aufgrund von Notfallsituationen vorsieht
- auf eintretende Notfallsituationen reagiert
- regelmäßig die beabsichtigten Gefahrenabwehrmaßnahmen testet
- Personal zur Gefahrenabwehr schult
- eine Liste von Schlüsselpersonal und Hilfsdiensten, einschließlich Kontaktdaten (z.B. Feuerwehr, Reinigungsdienste nach Leckagen) zusammenstellt
- Evakuierungswege und Sammelpunkte ausweist
- regelmäßig die Prozesse und geplanten Gefahrenabwehrmaßnahmen überprüft und überarbeitet, speziell im Falle von Notfallsituationen oder Übungen
- relevante Informationen und Schulungen über die Notfallvorsorge und Gefahrenabwehr den relevanten interessierten Parteien, einschließlich Personen, die unter ihrer Aufsicht Tätigkeiten verrichten, zur Verfügung stellt

Die Organisation muss dokumentierte Information im notwendigen Umfang aufrechterhalten, um darauf vertrauen zu können, dass die Prozesse wie geplant durchgeführt wurden.

Was ist von Ihrer Organisation zu tun?

Die Vermeidung von Risiken für Leib und Leben Ihrer Mitarbeiter und Anwohner sowie der Schutz eigener und fremder Sachgüter sind oberstes Gebot für eine vorausschauende Unternehmensführung.

Zu den Pflichten Ihrer Organisation gehören die Festlegung und Bekanntmachung verbindlicher Regelungen für das Verhalten bei Notfällen, besonders bei Unfällen, bei Bränden, bei Explosionen etc. Ihre Organisation verpflichtet sich, Ihre Mitarbeiter und Anwohner mit den Regelungen für Notfälle vertraut zu machen.

Bei der Bewertung der bedeutenden Umweltaspekte finden die Notfallvorsorge und die Gefahrenabwehr Berücksichtigung. Ihre Organisation räumt dem Not- und Störfallmanagement einen hohen Stellenwert ein. Nur durch systematisch durchdachtes und professionelles Handeln lässt sich das Schadensausmaß in Notfallsituationen begrenzen.

Ein weiterer wichtiger Punkt ist die Einbindung des Not- und Störfallmanagements in das Umweltmanagementsystem Ihrer Organisation. Durch professionelles Handeln gerade in Ausnahmesituationen (Störfällen oder Beinahestörfällen) kann letztlich eine Minimierung Ihrer Auswirkungen auf die Umwelt und des materiellen Schadens für Ihre Organisation erzielt werden, verbunden mit der Erhaltung von Ressourcen, der Vermeidung von Emissionen, der Reduzierung von Gefahrenpotenzialen und der Verhinderung von Störfällen.

Wie lässt sich die DIN EN ISO 14001:2015 in der Praxis umsetzen?

Praxisbeispiel: Notfallmanagement

„Henkell & Co. legt großen Wert darauf, dass stets genügend Mitarbeiter eine spezielle Sicherheitsausbildung erhalten, um auf unvorhersehbare Situationen und Notfälle vorbereitet zu sein. Alle Betriebsteile sind flächendeckend mit Ersthelfern, Brandschutzhelfern und Sicherheitsbeauftragten besetzt. Diese Personen nehmen regelmäßig an Fortbildungen teil.

Einmal jährlich wird allen Mitarbeitern die Möglichkeit gegeben, sich auf freiwilliger Basis zum Ersthelfer ausbilden zu lassen. Das Training der Brandschutzhelfer erfolgt in einem intensiven Lehrgang bei der Berufsfeuerwehr Wiesbaden. Zu den Inhalten des Kurses gehören u.a. das Löschen größerer Brände mit handelsüblichen Feuerlöschern, das Löschen brennender Puppen mit Löschdecken und das richtige Verhalten im Notfall zum eigenen und zum Schutz Dritter.

Durch regelmäßige Begehungen aller Räumlichkeiten werden die Einsatzkräfte der Berufsfeuerwehr mit den einzelnen Betriebsstätten vertraut gemacht. Auch das schnelle und sichere Verlassen der Gebäude im Notfall wird in regelmäßigen Zeitabständen mit den Mitarbeitern geübt. Wichtige Erkenntnisse aus diesen Übungen werden mit den ausgebildeten Brandschutzhelfern besprochen, die alles Relevante an die Mitarbeiter in ihren Bereichen weitergeben.

Die Vergangenheit hat gezeigt, dass Henkell & Co. mit vorausschauendem und verantwortungsvollem Handeln auf dem richtigen Weg ist, um das Wohl von Gästen, Mitbürgern und Mitarbeitern sowie den Zustand der anvertrauten Anlagen, Gebäude und Liegenschaften zu erhalten."

Quelle: Henkell & Co. Sektkellerei KG (2014): Umweltbericht 2014, S. 24.
Henkell & Co. Sektkellerei KG, Biebricher Allee 142, 65187 Wiesbaden

Praxisbeispiel: Notfallvorsorge

„Für unvorhersehbare Ereignisse ist unternehmensweit ein Notfallmanagement implementiert. Damit wird sichergestellt, dass die Auswirkungen eines Notfalls so gering wie möglich gehalten werden. Das Notfallmanagement liegt jeweils in der Verantwortung der Leiter der einzelnen Produktionsstandorte.

Jedes Werk ist dabei verpflichtet, seine Notfallvorsorge und -maßnahmen zu überprüfen und falls erforderlich zu überarbeiten, insbesondere um Notfallsituationen zu vermeiden oder zu beherrschen. Diese Situationen werden, sofern möglich, regelmäßig im Werk geprobt. Die Notfallübungen finden, zum Teil in enger Zusammenarbeit mit zuständigen Wehren, sowohl im Bereich der Rettung als auch in umweltrelevanten Bereichen statt und werden entsprechend dokumentiert. Aus den Übungen resultierende Maßnahmen werden je nach Relevanz zeitnah umgesetzt."

Quelle: Nordzucker AG (2015): Umwelterklärung 2014/2015. Werk Klein Wanzleben, S. 9.
Nordzucker AG, Werk Klein Wanzleben, Magdeburger Landstraße 1–5, 39164 Stadt Wanzleben-Börde

Praxisbeispiel: Gefahrenabwehr

„Um die durch mögliche Betriebsstörungen hervorgerufenen Umweltrisiken (Brandfall, Umgang mit chemischen Produkten, wassergefährdende Stoffe) so gering wie möglich zu halten, wurden in den Werken entsprechende technische und organisatorische Maßnahmen festgelegt. Die Notfallpläne werden laufend aktualisiert und zur Berücksichtigung werkübergreifender Auswirkungen auch mit den zuständigen lokalen Behörden abgestimmt; die Mitarbeiter werden in Unterweisungen geschult. Die Beteiligten üben die beschriebenen Festlegungen und Abläufe regelmäßig – sowohl auf Stabs- als auch auf Arbeitsebene.

Jedes Werk verfügt zur Gefahrenabwehr über eine eigene anerkannte, mit entsprechenden Einsatzfahrzeugen ausgerüstete Werkfeuerwehr, die jeden Einsatzort innerhalb weniger Minuten erreichen kann. Die Einsatzbereitschaft wird durch regelmäßige Übungen – teilweise auch gemeinsam mit der städtischen Feuerwehr – sichergestellt. Im Mittelpunkt stehen dabei aus Umweltschutzsicht neben dem Umgang mit kontaminiertem Löschwasser mögliche Unfälle mit Chemikalien. Einläufe in das Kanalnetz können bei Bedarf sehr schnell verschlossen werden, um eine Verschmutzung der öffentlichen Kanalisation bzw. des Vorfluters zu verhindern."

Quelle: Volkswagen AG (2014): Umwelterklärung 2014 Wolfsburg, S. 19.
Werk Wolfsburg Volkswagen AG, Brieffach 1897, 38436 Wolfsburg

9 Bewertung der Leistung

9.1 Überwachung, Messung, Analyse und Bewertung

9.1.1 Allgemeines

Was steht in der Norm?

In der DIN EN ISO 14001:2015 wird nicht explizit vorgegeben, wie die Organisation ihre Umweltleistung überwachen, messen, analysieren und bewerten muss. Es wird lediglich kursorisch aufgeführt, was die Organisation zu tun hat:

a) Es ist festzulegen, was innerorganisatorisch überwacht und gemessen werden soll.
b) Die Methoden zur Überwachung, Messung, Analyse und Bewertung sind anzugeben, um gültige Ergebnisse sicherzustellen.
c) Es sind angemessene Kennzahlen zu ermitteln.
d) Ebenso ist zu bestimmen, wann die Überwachung und Messung durchzuführen ist und wann deren Ergebnisse zu analysieren und zu bewerten sind.

Daneben hat die Organisation Mess- und Bewertungskonzepte zu entwickeln, mit denen nicht nur die Umweltziele, sondern auch die bedeutenden Umweltaspekte und bindenden Verpflichtungen überwacht und bewertet werden können.

Neu ist die Anforderung, dass die Organisation die relevanten Informationen, die sie für die Bewertung ihrer Umweltleistung benötigt, sowohl intern als auch extern kommunizieren muss. Als Grundlage dienen die Vorgaben aus den Kommunikationsprozessen und die bindenden Verpflichtungen.

Geeignete dokumentierte Informationen sind als Nachweis der Ergebnisse von Überwachung, Messung, Analyse und Bewertung aufzubewahren.

Was ist von Ihrer Organisation zu tun?

Um Ihre Umweltleistungen mess- und vergleichbar zu machen, bietet es sich an, ein Kennzahlensystem aufzustellen, mit dem die Umweltauswirkungen Ihrer Organisation abgebildet und bewertet werden können.

Hier bietet sich die DIN EN ISO 14031:2013 an, mit der Ihre Organisation Kenntnisse über Ihre Umweltleistung erhalten, darstellen und verbessern kann. „Die Umweltleistungsbewertung ist ein interner Managementprozess, der Schlüsselleistungskennzahlen verwendet, um die Umweltleistung einer Organisation in Vergangenheit und Gegenwart mit ihren umweltbezogenen Zielsetzungen und Einzelzielen zu vergleichen" (DIN EN ISO 14031:2013, S. 10). Der Prozess der Umweltleistungsbewertung kann durch Umweltaudits ergänzt werden. Sie sind zwei sich gegenseitig ergänzende Werkzeuge.

Ziel der Leistungsbewertung Ihrer Organisation mithilfe von Kennzahlen ist:

- die Analyse Ihres Ist-Zustands, indem Sie ökologische Schwachstellen und ökonomische Kostensenkungspotenziale ermitteln
- die innerorganisatorische Kommunikation, mit der Ihre Entscheidungsträger über die Umweltauswirkungen informieren und Ihre Beschäftigten für deren Auswirkungen sensibilisieren
- die innerorganisatorische Entscheidungsgrundlage
- die innerorganisatorische Kontrolle einer fortlaufenden Verbesserung
- die außerorganisatorische Kommunikation

Ihre Leistungsbewertung kann in unterschiedlicher Form erfolgen:

- **absolute Maßzahlen oder Berechnungen:** grundlegende Daten oder Informationen, wie z.B. Ressourcenverbrauch, CO_2-Emissionen, gefahrene Kilometer für Dienstreisen mit Pkw, Bahn oder Flugzeug, Kosten für das Notfallmanagement, die Durchführung von internen und externen Schulungen, das Angebot von kindergerechten sowie behindertengerechten Einrichtungen, Anzahl der Unterweisungen für die Mitarbeiter/innen;

- **relative Maßzahlen oder Berechnungen:** Daten oder Informationen im Vergleich oder in Beziehung zu einem anderen Parameter (z.B. Mitarbeiter, Zeit, Standort), z.B. Wasserverbrauch oder Abfallaufkommen pro Mitarbeiter, Anteil des recyclingfähigen Abfalls am Gesamtabfall, Anteil regionaler Produkte beim Catering
- **indexiert:** stellt zu einem Referenzpunkt Daten oder Informationen dar, die in Einheiten oder in einer Form aufbereitet werden, die die Informationen zu einer gewählten Ausgangsbasis in Beziehung setzen, wie z.B. Schadstoffemissionen im laufenden Jahr, dargestellt als Prozentsatz der Emissionen eines Basisjahres
- **aggregiert:** stellt Daten oder Informationen derselben Art dar, jedoch aus unterschiedlichen Quellen, die erfasst und als kombinierter Wert dargestellt werden, wie z.B. die Gesamtemissionen eines bestimmten Schadstoffs in Tonnen, die bei der Herstellung von verschiedenen Produkten in einem bestimmten Jahr emittiert werden oder die durch die Addition der Emissionen an mehreren Orten, an denen die Herstellung stattfindet, ermittelt werden
- **gewichtet:** stellt Daten oder Informationen dar, die durch die Anwendung eines Faktors, der in Bezug zu ihrer Bedeutung steht, modifiziert werden

Kennzahlen sind zugleich die Basis für Ihre interne und externe Kommunikation zu den ökologischen Anforderungen und Ergebnissen, z.B. in Form einer Umwelterklärung, eines Umweltberichts, eines Nachhaltigkeitsberichts oder der Mitarbeiterinformation.

Insgesamt gibt es zwei Kategorien von Kennzahlen, nämlich **Zustands- und Leistungsindikatoren.**

Zustandsindikatoren

Sie informieren über den Zustand, der sich durch die Herstellung von Produkten Ihrer Organisation ergeben hat oder gefördert wird. Zu ihnen könnten im Umweltbereich unter anderem das Vorhandensein bestimmter Stoffe in der Luft (wie etwa

Kohlenstoffdioxide, Stickstoffoxide, Ozon), das Vorhandensein bestimmter Stoffe im Grundwasser (wie Schwermetalle) oder die Bodenbelastung durch Versiegelung zählen.

Insgesamt lassen sich sieben Bereiche unterscheiden, in denen Umweltzustandsindikatoren zur Anwendung kommen können (siehe hierzu DIN EN ISO 14031:2013, S. 67 ff.):

a) Luft
b) Wasser
c) Boden
d) Flora
e) Fauna
f) Menschen
g) Ästhetik, Erbe und Kultur

Leistungsindikatoren

Sie informieren über die wichtigsten Aspekte, die bei der Herstellung von Produkten entstehen. Die Leistungsindikatoren lassen sich in (1) Managementleistungskennzahlen und (2) operative Leistungskennzahlen unterscheiden:

(1) Managementleistungsindikatoren (= Management Performance Indicators, MPI) stellen Informationen über die Aktivitäten des Managements zur Verbesserung der Umweltleistung einer Organisation zur Verfügung. Kennzahlen, wie z.B. die Anzahl durchgeführter Umwelt-Audits, Mitarbeiterschulungen oder Lieferantengespräche, liefern interne Steuerungs- und Informationsgrößen im Umweltmanagement.

(2) Operative Leistungskennzahlen (= Operational Performance Indicators, OPI) geben Informationen über die Umweltleistung einer Organisation im operativen Bereich wieder. Beispiele sind der Stromverbrauch pro Produktionseinheit, das Abfallaufkommen pro Produktionseinheit oder der durchschnittliche Treibstoffverbrauch des Fahrzeugparks.

Auswahl von Managementleistungskennzahlen

Managementleistungskennzahlen sollen nach der DIN EN ISO 14031:2013 Informationen zu den Managementpolitiken und -programmen, den Zielsetzungen und Einzelzielen, den Schulungen und den Einstellungen der Mitarbeiter liefern:

- Anteil der Beschäftigten, deren Arbeitsplatzbeschreibung Umweltauflagen enthält
- Anteil der Beschäftigten, die in umweltbezogenen Arbeitsgruppen mitarbeiten
- Anzahl der Lieferanten, die zu Umweltthemen befragt wurden
- Einsparungen durch Umweltmaßnahmen (Einsparungen durch Einsatz energieeffizienter Technik, Einsparungen an Wasser durch Trockentoiletten, Einsparungen durch Sprit-Spar-Trainingskurse)
- Zusatzkosten durch Umweltmaßnahmen (Kompensation von CO_2-Emissionen, Aufstellen von unterschiedlichen Mülltonnen zum Trennen der Abfälle, Umstellung auf Ökostrom, Einsatz von Elektrofahrzeugen)
- Gelder für Umweltprojekte (Spenden und Sponsoring für Umweltprojekte etc.)
- Anteil der im Umweltbereich geschulten Mitarbeiter an allen Mitarbeitern
- Anzahl der von Beschäftigten eingereichten Vorschläge für Verbesserungen im Umweltbereich
- Ergebnisse von Mitarbeiterbefragungen über ihr Wissen in Bezug auf die Umweltthemen ihrer Organisation

Was die Einhaltung von bindenden Verpflichtungen angeht, ließen sich nach der DIN EN ISO 14031:2013 etwa folgende Managementleistungskennzahlen von Ihnen verwenden:

- Anzahl und Schwere von Verletzungen der Einhaltung von bindenden Verpflichtungen
- Anzahl und Schwere von Verstößen gegen die Anforderungen der Organisation
- Reaktionszeit auf Umweltzwischenfälle
- Anteil identifizierter Korrekturmaßnahmen, die erledigt wurden bzw. unerledigt blieben
- Anzahl der durchgeführten Audits
- Überprüfungshäufigkeit betrieblicher Vorgehensweisen

- Häufigkeit der durchgeführten Notfallübungen
- Zahl der jährlichen Notfälle

Sollte es um die Auswertung der Beziehungen zwischen Umweltleistung und finanzieller Leistung gehen, bieten sich folgende Managementleistungskennzahlen an:

- Rentabilität von Projekten zur Umweltverbesserung
- Höhe der Einsparungen durch verminderten Ressourcenverbrauch, Vermeidung von Umweltverschmutzung oder Abfallrecycling
- Höhe des Umsatzes eines neuen Produkts oder Nebenprodukts, dessen Gestaltung auf die Erfüllung spezieller Umweltleistungs- oder Gestaltungsziele hin ausgelegt ist
- Anteil der Forschungs- und Entwicklungsgelder, die für Projekte mit Umweltbedeutung bereitgestellt wurden

Auswahl von operativen Leistungskennzahlen

Im Folgenden werden auf Grundlage der DIN EN ISO 14031:2013 eine Reihe von Kennzahlen zu den Bereichen Materialien, Energie, Dienstleistungen zur Unterstützung des operativen Bereichs der Organisation, Technische Einrichtungen und Ausrüstung, Mobilität, Produkte, Abfälle und Emissionen vorgelegt, die Ihnen als Auswahl für die Erstellung Ihrer eigenen Kennzahlen helfen könnte. Ansonsten können Sie natürlich auch eigene Kennzahlen entwickeln, mit denen Ihre Umweltleistungen wiedergegeben werden.

a) **Materialien**

- eingesetzte Materialien je hergestelltes Produkt
- Menge der eingesetzten verarbeiteten, recycelten oder wiederverwendeten Materialien
- wiederverwendete Verpackungsmaterialien je hergestelltes Produkt
- Anteil der recycelten oder wiederverwendeten Hilfsmaterialien
- Anteil der wiederverwendeten Rohmaterialien
- eingesetztes Wasser je hergestelltes Produkt
- Anteil des wiederverwendeten Wassers
- eingesetzte toxische Materialien je hergestelltes Produkt

b) Energie

- eingesetzte Energie je Jahr oder je Produkt
- eingesetzte Energie je Dienstleistung oder je Kunde
- jede verwendete Energieart (z.B. erneuerbare)
- durch Nebenprodukte oder Prozessabläufe erzeugte Energie
- durch Energiesparprogramme eingesparte Energieeinheiten

c) Dienstleistungen zur Unterstützung des operativen Bereichs der Organisation

- Menge an toxischen Materialien, die von unter Vertrag genommenen Dienstleistern verwendet wird
- Menge an gefährlichen Reinigungsmitteln, die von unter Vertrag genommenen Dienstleistern verwendet wird
- Menge recycelbarer oder wiederverwendbarer Materialien, die von unter Vertrag genommenen Dienstleistern verwendet wird
- Art von Abfällen, die von unter Vertrag genommenen Dienstleistern erzeugt wird

d) Technische Einrichtungen und Ausrüstung

- Prozentsatz der Ausrüstungsteile, die Teile aufweisen, deren Gestaltung ihre einfache Zerlegung, ihr Recycling oder ihre Wiederverwendung vorsieht
- Anzahl der Stunden je Jahr, in denen ein spezifisches Ausrüstungsteil in Betrieb ist
- Anzahl der Notfälle (z.B. Explosionen) oder Fälle von nichtroutinemäßigem Betrieb (z.B. Abschaltungen) je Jahr
- Gesamtfläche an Grund und Boden, die für Produktionszwecke genutzt wird
- Fläche an Grund und Boden, die für die Erzeugung einer Energieeinheit genutzt wird
- Kohlendioxidäquivalent je gefahrener Einheit
- Prozentsatz der Fahrzeuge im Fahrzeugpark mit verschmutzungsmindernder Technologie

e) Mobilität

- durchschnittliches Kohlendioxidäquivalent des Fuhrparks je gefahrener Einheit
- Anzahl der Warenlieferungen je Transportart je Zeiteinheit
- Prozentsatz der Fahrzeuge im Fahrzeugpark mit verschmutzungsmindernder Technologie
- Prozentsatz der aus der Ferne abgehaltenen Geschäftstreffen
- Anzahl der Geschäftsreisen je einzelner Verkehrsart

f) Produkte

- Prozentsatz der auf dem Markt eingeführten Produkte mit verringerten Schadstoffeigenschaften
- Anzahl der Produkte, die wiederverwendet oder recycelt werden können
- Prozentsatz in der Zusammensetzung eines Produkts, der wiederverwendet oder recycelt werden kann
- Prozentsatz schadhafter Produkte
- Menge verbrauchter Ressourcen während der Produktnutzung
- Haltbarkeit des Produkts
- Prozentsatz der Produkte mit Anweisungen zur umweltgerechten Nutzung und Entsorgung
- Prozentsatz der Produkte mit vorgesehener Produktverantwortung
- Prozentsatz der Produkte, die demontiert, recycelt oder wiederverwendet werden können
- Prozentsatz der Produkte mit Anweisungen bezüglich umweltverträglicher Anwendung und Entsorgung

g) Abfälle

- Abfallmenge je Einheit (z.B. Produkt, Zeit, Beschäftigten)
- Menge von gefährlichem Abfall, recycelbarem oder wiederverwendbarem Abfall je Einheit
- gesamte entsorgte Abfallmenge nach Kategorie
- Menge von gefährlichem Abfall, die vor Ort gelagert und/oder reguliert wird

- Abfallmenge je Einheit, die in wiederverwertbares Material umgewandelt wird
- Menge von gefährlichem Abfall, die aufgrund von Programmen zur Vermeidung von Umweltverschmutzung nicht mehr anfällt

h) Emissionen

- spezifische Emissionen im Jahr
- spezifische Emissionen je Produkt
- Luftemissionen mit ozonabbauendem Potenzial
- Luftemissionen mit potenzieller Klimagefahr
- an einem bestimmten und wesentlichen Standort gemessene Lärmkennzahl
- freigegebene Strahlungsmenge je Einheit
- Menge je Einheit emittierter Wärme, Erschütterungen oder emittierten Lichts

Wie lässt sich die DIN EN ISO 14001:2015 in der Praxis umsetzen?

Praxisbeispiel: Ökologische Kennzahlen

„Umweltkennzahlen unterstützen das Management dabei, die Effektivität und Effizienz von Umweltmaßnahmen zu steuern und zu kontrollieren. Diese Messgrößen haben die Aufgabe, Umweltauswirkungen in Zahlen darzustellen, diese also quantifizierbar und leichter interpretierbar zu machen. Mithilfe dieser Kennzahlen überprüfen wir die Güte und Wirksamkeit unseres Umweltmanagementsystems und entwickeln daraus geeignete Maßnahmen und Handlungsalternativen, um unsere Umwelteffizienz zu erhöhen und unsere Umweltaktivitäten zu verbessern.

Die Generierung von Kennzahlensystemen und speziell die Nutzung von Umweltkennzahlen ist abhängig von der Unternehmenssituation und der Unternehmensbranche.

Im Folgenden stellen wir Ihnen einige unserer Umweltkennzahlen vor."

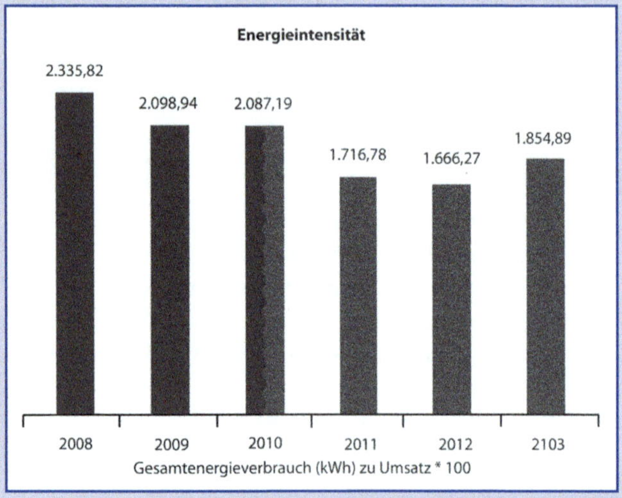
Energieintensität
2.335,82
2.098,94
2.087,19
1.716,78
1.666,27
1.854,89
2008
2009
2010
2011
2012
2103
Gesamtenergieverbrauch (kWh) zu Umsatz * 100

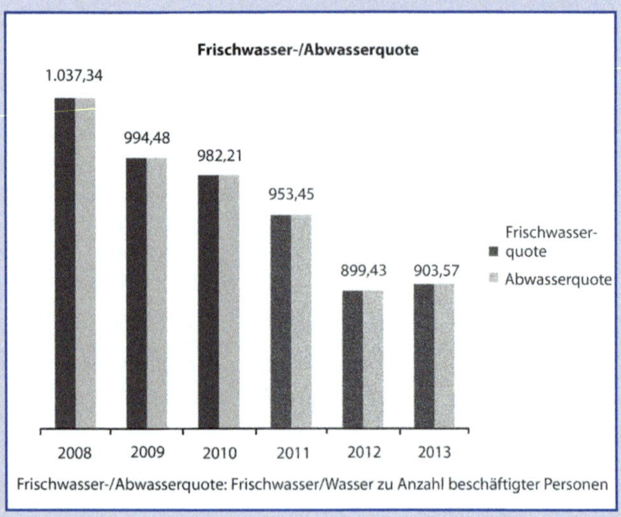
Frischwasser-/Abwasserquote
1.037,34
994,48
982,21
953,45
899,43
903,57
Frischwasser-quote
Abwasserquote
2008
2009
2010
2011
2012
2013
Frischwasser-/Abwasserquote: Frischwasser/Wasser zu Anzahl beschäftigter Personen

Einsatzquote Verpackung: Menge Verpackungen zu Warenoutput * 100

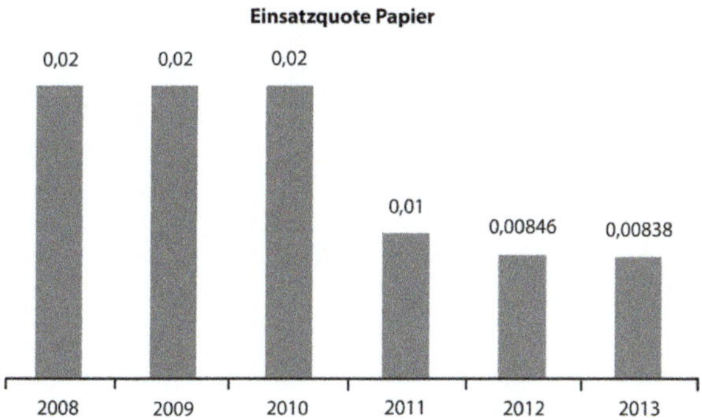

Einsatzquote Papier: Menge Papier zu Gesamtumsatz * 100

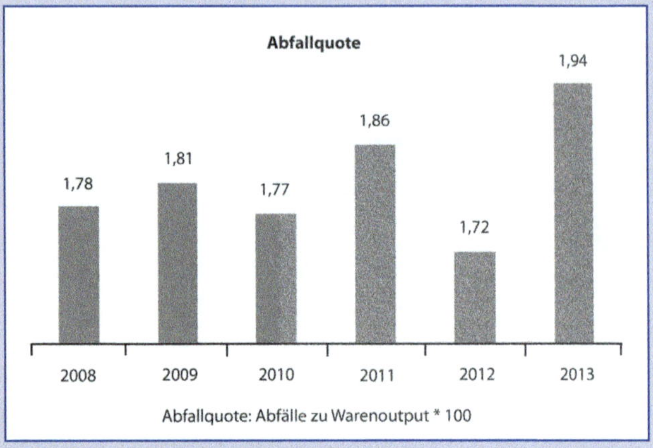

Abb. 16 a–e: Ökologische Kennzahlen

Quelle: Adolf Würth GmbH & Co. KG (2013): Umweltbericht, S. 21.
Adolf Würth GmbH & Co. KG, Reinhold-Würth-Straße 12–17, 74653 Künzelsau

9.1.2 Bewertung der Einhaltung von Verpflichtungen

Was steht in der Norm?

Die Organisation muss notwendige Prozesse aufbauen, verwirklichen und aufrechterhalten, um bewerten zu können, wie sie ihre bindenden Verpflichtungen erfüllt.

In dem Zusammenhang muss die Organisation festlegen:

a) in welchen zeitlichen Abständen die Einhaltung der Verpflichtungen bewertet werden soll
b) mit welchen Methoden die Bewertung erfolgen kann
c) welche Maßnahmen ergriffen werden sollen
d) wie Kenntnisse zur Einhaltung der Verpflichtungen erworben und aufrechterhalten werden können

Die dokumentierten Informationen zu den obigen Punkten müssen als Nachweis der Einhaltung der Verpflichtungen aufbewahrt werden.

Was ist von Ihrer Organisation zu tun?

Die Häufigkeiten und Zeitpunkte, zu denen Sie die Einhaltung Ihrer bindenden Verpflichtungen durchzuführen und zu bewerten haben, sind von Ihnen selbst festzulegen. Allerdings können organisatorische Änderungen oder Modifikationen der bindenden Verpflichtungen dazu führen, dass Sie Ihre Bewertung anzupassen haben. Was eventuell aufgedeckte Schwachstellen bei Legal Compliance oder anderen Anforderungen angeht, hat Ihre Organisation notwendige Maßnahmen zur Einhaltung der Verpflichtungen unverzüglich einzuleiten.

„Dies könnte eine Kommunikation mit der Aufsichtsbehörde und eine Einigung über die Vorgehensweise zur Einhaltung der rechtlichen Verpflichtungen erfordern. Wenn eine solche Vereinbarung existiert, wird sie zu einer bindenden Verpflichtung." (DIN EN ISO 14001:2015, S. 65)

Wie lässt sich die DIN EN ISO 14001:2015 in der Praxis umsetzen?

Praxisbeispiel: Rechtsvorschriften

„Die Verbesserung der Umweltleistung und die Einhaltung von Rechtsvorschriften prüfen die Wasserwerke Westfalen im Rahmen der jährlichen Rechtsreviews und Umweltaudits sowie der Managementbewertung. Dabei wird ermittelt, ob die gesetzten Umweltziele erreicht und die umweltrechtlichen Bestimmungen erfüllt werden. Dazu zählen u.a. die Lagerung von Gefahrstoffen und wassergefährdenden Stoffen, die Prüfung von Ölabscheidern und Gefahrstoffschränken sowie die Abfalltrennung und Nachweisführung bei der Entsorgung.

Zur Sicherstellung der Einhaltung gesetzlicher Bestimmungen aus wasserrechtlichen Genehmigungen wird ein Wasserrechtskataster geführt. Neben der Erfassung der vorliegenden Genehmigungen dient dies auch zur Dokumentation, dass die wiederkehrenden Auflagen eingehalten wurden. Dies wird auch im Rahmen der jährlichen Umweltaudits überprüft."

Quelle: Wasserwerke Westfalen GmbH (2015): Umweltbericht 2015, S. 55.
Wasserwerke Westfalen GmbH, Zum Kellerbach 52, 58239 Schwerte

9.2 Internes Audit

Was steht in der Norm?

Die Organisation muss in vorgegebenen zeitlichen Abständen interne Audits durchführen, um Informationen darüber zu erhalten, ob das Umweltmanagementsystem noch den Anforderungen der Organisation bzw. der DIN EN ISO 14001:2015 entspricht.

Die Organisation muss ein oder mehrere interne Auditprogramme aufbauen, verwirklichen und aufrechterhalten, einschließlich der Häufigkeit, Methoden, Verantwortlichkeiten, Anforderungen an die Planung sowie Berichterstattung ihrer internen Audits.

Beim Aufbau des internen Auditprogramms muss die Organisation die umweltbezogene Bedeutung der betroffenen Prozesse, Änderungen, welche die Organisation beeinflussen, und die Ergebnisse vorheriger Audits berücksichtigen.

Die Organisation muss:

- für jedes Audit die Auditkriterien sowie den Umfang festlegen
- Auditoren so auswählen und Audits so durchführen, dass die Objektivität und Unparteilichkeit des Auditprozesses sichergestellt ist
- sicherstellen, dass die Ergebnisse des Audits gegenüber der zuständigen Leitung berichtet werden

Die Organisation muss dokumentierte Informationen als Nachweis der Verwirklichung des Auditprogramms und der Ergebnisse des Audits aufbewahren.

Was ist von Ihrer Organisation zu tun?

Bei Ihrer Organisation lassen sich zwei Arten von Audits unterscheiden. Dies sind:

- die **jährlichen internen Audits**
- eine **jährlich stattfindende Zertifizierung** gemäß DIN EN ISO 14001:2015 durch einen Umweltgutachter

Die internen Audits bestehen im Wesentlichen aus drei großen Themenbereichen, nämlich:

1. der Systemprüfung
2. der Begehung des Arbeitsplatzes oder der Abteilung
3. der Funktionsprüfung

Die internen Audits sollten keine Prüfungssituation darstellen, sondern als Qualifizierungsmaßnahme der Beschäftigten Ihrer Organisation aufgefasst werden und der Entwicklung von Umweltzielen dienen. Im Anschluss an die Auditierung werden Schwachstellen diagnostiziert und Korrekturmaßnahmen festgelegt.

Die Ergebnisse und Schlussfolgerungen dieses Prozesses sind von Ihnen schriftlich festzuhalten.

Systemprüfung

Als Grundlage für die Systemprüfung dient die DIN EN ISO 14001:2015. Was den Arbeits- und Gesundheitsschutz angeht, können Sie auf die Vorgaben aus dem Entwurf der DIN ISO 45001:2016 zurückgreifen. Im Rahmen der Systemprüfung wird untersucht, inwieweit die Inhalte der Dokumente, die bei Ihrer Organisation zur Regelung des Umweltschutzes vorliegen, den Forderungen der DIN EN ISO 14001:2015 entsprechen und von Ihren Mitarbeitern eingehalten werden. Die dokumentierte Information wird auf Aktualisierung und Vollständigkeit hin überprüft.

Zudem ist nachzuweisen, dass die Inhalte der Anweisungen den Abläufen vor Ort entsprechen und die bindenden Verpflichtungen eingehalten werden. Weiter ist Ihr Umweltmanagementsystem auf seinen Umsetzungsstand zu prüfen und mit Ihrer Umweltpolitik, Ihren Umweltprogrammen und Ihren Vorgaben des Arbeits- und Gesundheitsschutzes zu vergleichen.

Begehung des Arbeitsplatzes oder der Abteilung

Die Begehung dient dem Auditor dazu, einen Eindruck vom Arbeitsplatz oder der Abteilung zu erhalten. Während der Begehung sollten folgende Punkte berücksichtigt werden:

- Überprüfung des Ist-Zustands
- Verbesserungspotenziale bei den Abläufen am Arbeitsplatz oder in der Abteilung
- Mängel bei der Umsetzung von Umweltmaßnahmen
- Einhaltung der bindenden Verpflichtungen

Funktionsprüfung

Mithilfe einer Befragung Ihrer Mitarbeiter wird festgestellt, wie gut sie über das betriebliche Umweltmanagement und die sie betreffenden Verpflichtungen informiert sind. Dabei geht es um die Frage, wie Maßnahmen zum Erreichen Ihrer Umweltziele umgesetzt werden, wie die Kompetenz und das Bewusstsein sichergestellt werden, wie Ihre Umweltanforderungen beim Entwicklungsprozess Ihres Produkts oder Ihrer Dienstleistung erfüllt werden und wie Ihre Umweltleistungen überwacht, gemessen, analysiert und bewertet werden. Weiter soll erfragt werden, welche Probleme bei der Einhaltung bindender Verpflichtungen aufgetreten sind und welche Anregungen es zur Änderung Ihres Umweltmanagements gibt. Letztlich ist von Ihren Auditoren auch festzustellen, ob Ihre letzten Korrekturmaßnahmen tatsächlich umgesetzt wurden bzw. ob sie gegriffen haben.

Prüfungsschwerpunkte

Allgemeine Grundlagen

- Umweltpolitik Ihrer Organisation
- Einhaltung Ihrer bindenden Verpflichtungen
- Erwartungen der interessierten Parteien
- Bestimmung der bedeutenden Umweltaspekte Ihrer Tätigkeiten, Produkte und Dienstleistungen
- bisherige Maßnahmen zur Reduzierung der mit den Umweltaspekten verbundenen Umweltauswirkungen

Umweltmanagement

- Rollen, Verantwortlichkeiten und Befugnisse in Ihrer Organisation
- Arbeits-/Verfahrensanweisungen
- Prüfung von Dokumenten
- Organigramm

Umweltauswirkungen

- Abfälle
- Ressourcenverbrauch (z.B. Energie, Wasser, Büromaterialien, Reinigungs- und Pflegematerialien)
- Mobilität
- Daten und Ursachen für Luftemissionen
- Immissionen
- Umweltkennzahlen
- Bestimmung der Kompetenz (Anzahl durchgeführter Schulungen, Anzahl Teilnehmer)

Notfallvorsorge und Gefahrenabwehr

- Maßnahmen zur Gefahrenabwehr
- Berichte der Fachkraft für Arbeitssicherheit, des Betriebsarztes, der Feuerwehr und der Berufsgenossenschaften
- Absprachen mit Behörden
- Schulung der verantwortlichen Personen über Notfallvorsorge
- Überprüfung der geplanten Gefahrabwehrmaßnahmen und gegebenenfalls deren Überarbeitung

Zum Abschluss Ihrer internen Audits ist ein Gesamtbericht zu erstellen, in dem die Ergebnisse der einzelnen internen Audits zusammengefasst werden. In ihm werden Defizite, aber auch Stärken sowie Maßnahmen für Verbesserungen aufgezeigt. Er wird Ihrem Umweltmanagementbeauftragten und Ihnen zugeleitet und in einer Präsentation im Rahmen der Umweltmanagementbewertung vorgestellt.

Verstöße gegen bindende Verpflichtungen sollten besonders deutlich hervorgehoben werden. In einer Prioritätenliste werden die Ergebnisse Ihrer internen Audits in ihrer Wichtigkeit festgehalten und ständig fortgeschrieben. Wichtig ist daneben das Aufzeigen von Abweichungen hinsichtlich der Umweltpolitik und Umweltprogramme. Die Abarbeitung des Programms muss deutlich hervorgehoben werden, um die Erstellung neuer Programme zu erreichen. Auch der Identifikation neuer Umweltziele durch das Aufzeigen neuer oder auch alter Schwachstellen, die noch nicht behoben wurden, sollte größtmögliche Beachtung geschenkt werden.

Vom Auditbericht erhalten Ihre jeweiligen zuständigen Abteilungen eine Durchschrift. Dieser Bericht ist dort zu beraten und die Korrekturen sind baldmöglichst durchzuführen.

Wie lässt sich die DIN EN ISO 14001:2015 in der Praxis umsetzen?

Praxisbeispiel: Interne Audits

„Im Rahmen regelmäßig geplanter und durchgeführter interner Audits (u.a. Umweltprüfungen) wird das Managementsystem einem Soll-Ist-Vergleich durch unabhängige, speziell ausgebildete Auditoren unterzogen. Dabei wird auch überprüft, inwieweit die gesetzten Umweltzielsetzungen erreicht wurden, ob die geltenden Vorschriften eingehalten werden und ob das angewandte Umweltmanagementsystem wirksam und angemessen ist."

Quelle: Sasol Germany GmbH (2015): Umwelterklärung 2015, S. 12 f.
Sasol Germany GmbH, Hauptverwaltung Hamburg, Anckelmannsplatz 1, 20537 Hamburg

9.3 Managementbewertung

Was steht in der Norm?

In der DIN EN ISO 14001:2015 werden nur wenige Änderungen gegenüber der vorherigen Version vorgenommen. Hervorgehoben wird – wie schon in der DIN EN ISO 14001:2009 – die bedeutende Rolle der obersten Leitung. Sie hat das Umweltmanagementsystem in zeitlich vorgegebenen Abständen zu bewerten, um dessen fortdauernde Eignung, Angemessenheit und Wirksamkeit sicherzustellen.

Die Managementbewertung sollte sich auf folgende Aspekte konzentrieren:

a) Maßnahmen vorheriger Managementbewertungen
b) Veränderungen bei:
   - externen und internen Themen
   - den Erfordernissen und Erwartungen interessierter Parteien, einschließlich bindender Verpflichtungen
   - bedeutenden Umweltaspekten
   - Risiken und Chancen
c) Stand erreichter Umweltziele
d) Informationen über Nichtkonformitäten und Korrekturmaßnahmen, Ergebnisse von Überwachungen und Messungen, Erfüllung ihrer bindenden Verpflichtungen und Auditergebnissen
e) Nutzen der zur Verfügung gestellten Ressourcen
f) relevante Äußerungen interessierter Parteien, einschließlich Beschwerden
g) Möglichkeiten zur fortlaufenden Verbesserung

Die Ergebnisse der Managementbewertung sollten folgende Aspekte enthalten:

- Schlussfolgerungen zur Eignung und Wirksamkeit des Umweltmanagementsystems;
- Entscheidungen zur fortlaufenden Verbesserung;
- Entscheidungen zum Änderungsbedarf am Umweltmanagementsystem;
- Maßnahmen bei Nichterreichen der Umweltziele;

- Möglichkeiten zur Integration des Umweltmanagementsystems mit anderen Geschäftsprozessen;
- Folgerungen für die strategische Ausrichtung der Organisation.

Wie bereits bei den internen Audits muss die Organisation auch die Ergebnisse der Managementbewertung dokumentieren und aufbewahren.

Was ist von Ihrer Organisation zu tun?

Der Umweltbeauftragte vereinbart mit Ihnen einen Termin für die Managementbewertung, die relativ zeitnah nach Abschluss der internen Audits durchgeführt werden sollte.

Die für die Diskussion notwendigen Ergebnisse sollten Ihnen vorab unterbreitet werden. Im Einzelnen handelt es sich um folgende dokumentierte Informationen:

- Bericht des Umweltbeauftragten mit aktuellen Daten und Fakten inklusive Umweltkennzahlen
- Zusammenfassung der Auditberichte
- Bewertung der Umweltaspekte und der damit verbundenen Umweltauswirkungen
- Stand der Umweltziele und der festgelegten Maßnahmen seit der letzten Managementbewertung
- Bewertung der Umweltauswirkungen entlang des Lebenszyklus der Produkte und Dienstleistungen
- interne und externe Kommunikation mit Mitarbeitern und interessierten Parteien (Behörden, Anwohner, Verbände)
- Informationen über bindende Verpflichtungen
- Verbesserungsvorschläge und Empfehlungen

Auf Grundlage der oben genannten Punkte fassen Sie einen Beschluss über die fortdauernde Eignung, Angemessenheit und Wirksamkeit des Umweltmanagementsystems. Dieser Beschluss ist schriftlich zu dokumentieren. Das von der Managementbewertung anzufertigende Protokoll wird bei Ihrer nächsten Sitzung hinzugezogen. Während der Vorstellung der Ergebnisse wird überprüft, inwieweit all Ihre Vorgaben abgearbeitet wurden.

Wie lässt sich die DIN EN ISO 14001:2015 in der Praxis umsetzen?

Praxisbeispiel: Externe Kommunikation (Behörden)

„Für die zuständigen Aufsichtsbehörden werden erstellt:

- Messberichte gemäß der 13. BlmSchV,
- Berichte über Funktionsprüfungen und Kalibrierungen der automatischen Emissionsmesseinrichtungen der Verbrennungskessel und der Rauchgasentschwefelungsanlage,
- Jahresausdrucke des Emissionsrechners mit Messbericht,
- Jährliche Datenübermittlung an das Schadstofffreisetzungs- und -verbringungsregister,
- Fortschreibung des Emissionskatasters für Luftschadstoffe (zweijährlich),
- Emissionserklärung (11. BlmSchV) (vierjährlich),
- Jahresberichte nach dem Treibhausgasemissionshandelsgesetz,
- Jahresbericht Deponie Unterstadion,
- Berichte über Eigenkontrolluntersuchungen des Abwassers (monatlich),
- Erklärung zur Abwasserabgabe (jährlich),
- Jahresleistungsbild der Kläranlage,
- Erklärung zur Festsetzung des Wasserentnahmeentgelts (jährlich),
- Bericht über die Grundwasserentnahme aus den einzelnen Brunnen (jährlich),
- Überprüfung der erklärten Jahresschmutzwassermenge (fünfjährlich),
- Berichte über wiederkehrende Prüfungen der Anlagen für wassergefährdende Stoffe sowie der Druckbehälter,
- Diverse Statistik-Meldungen.

Die wesentlichen kontinuierlich gemessenen Emissionsparameter werden in einem Emissionsrechner registriert und der Aufsichtsbehörde online über elektronische Datenfernübertragung kontinuierlich zur Verfügung gestellt."

Quelle: Sappi Ehingen GmbH (2015): Umwelterklärung 2014, S. 41 f.
Sappi Ehingen GmbH, Biberacher Str. 73, 89584 Ehingen

10 Verbesserung

10.1 Allgemeines

10.2 Nichtkonformität und Korrekturmaßnahmen

Was steht in der Norm?

Die Organisation muss, um die beabsichtigten Ergebnisse ihres Umweltmanagementsystems zu erreichen, Möglichkeiten zu dessen Verbesserung ergreifen und notwendige Maßnahmen realisieren. Dabei sind die erbrachten Umweltleistungen, die Einhaltung der bindenden Verpflichtungen sowie die Ergebnisse der internen Audits und der Managementbewertung bei den Korrekturmaßnahmen zu berücksichtigen.

Sollte eine Nichtkonformität festgestellt werden, so hat die Organisation darauf zu reagieren, und falls notwendig, Maßnahmen einzuleiten. Außerdem hat sie zu bewerten, wie in der Zukunft Ursachen von Nichtkonformitäten vermieden werden können, damit diese nicht erneut oder an anderer Stelle auftreten.

In der DIN EN ISO 14001:2015 werden für die Beseitigung der Ursachen von Nichtkonformitäten folgende Schritte empfohlen:

- Überprüfen der Nichtkonformität
- Bestimmen der Ursachen der Nichtkonformität
- Bestimmen, ob vergleichbare Nichtkonformitäten bestehen oder möglicherweise auftreten können

Ebenso ist die Wirksamkeit jeglicher ergriffener Korrekturmaßnahmen zu überprüfen und, sofern erforderlich, das Umweltmanagementsystem anzupassen.

Über die Art der Nichtkonformität und die daraufhin getroffenen Maßnahmen sowie die Ergebnisse der Korrekturmaßnahmen sind dokumentierte Informationen zu erstellen.

Was ist von Ihrer Organisation zu tun?

Von Ihrer Organisation ist die Nichtkonformität in folgenden Schritten zu bestimmen:

- **Schritt 1:** Feststellung der Abweichung
- **Schritt 2:** Ermittlung des Abweichungsgrunds
- **Schritt 3:** Durchführung der Korrekturmaßnahmen
- **Schritt 4:** Installierung von Vorbeugungsmaßnahmen
- **Schritt 5:** Dokumentation

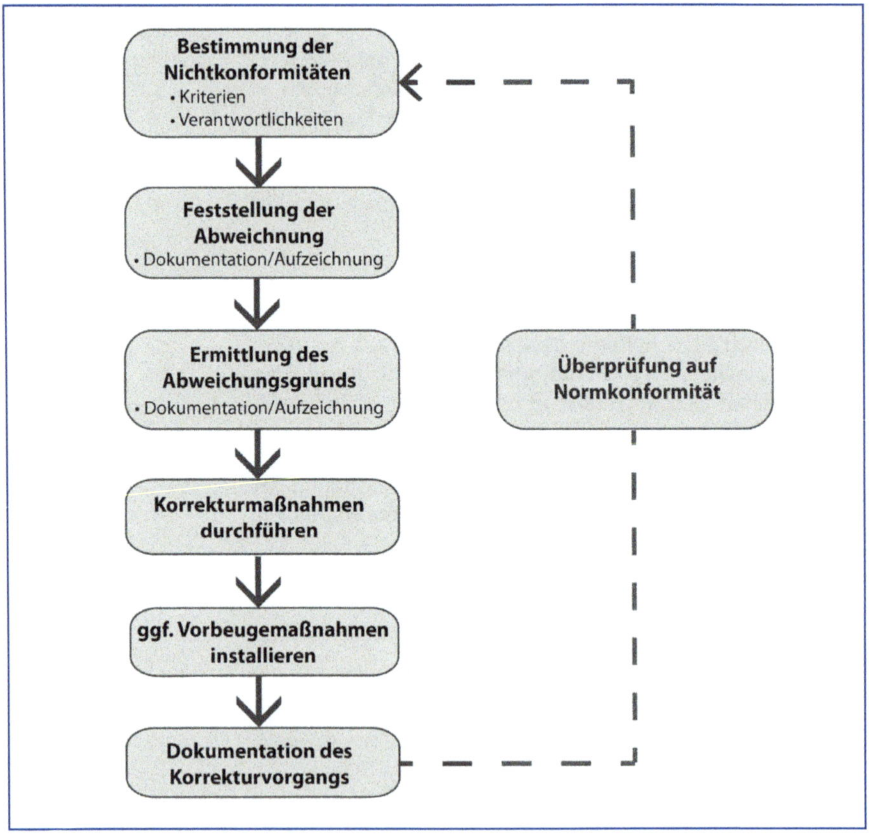

Abb. 17: Feststellung von Nichtkonformitäten – Ablaufschema

Quelle: www.energiemanagement-und-energieeffizienz.de/energie-lexikon/nichtkonformitaet/

Wie lässt sich die DIN EN ISO 14001:2015 in der Praxis umsetzen?

Praxisbeispiel: Bestimmung der Nichtkonformitäten

„Sämtliche Anlagen werden regelmäßig kontrolliert und umfassend gewartet. Anlagenänderungen zur Erhöhung der Sicherheit und des Umweltschutzes oder der Einbau neuer Bauteile/-gruppen werden durch eigene befähigte Personen oder durch externe Sachverständige geprüft. Alle Sicherheitsmaßnahmen sind schriftlich festgehalten und mit den Aufsichtsbehörden, dem Amt für Arbeitsschutz sowie dem Landesamt für Umwelt, Gesundheit und Verbraucherschutz abgestimmt.

Da sich eine Störung in einem Betrieb trotz höchster Sicherheitsstandards grundsätzlich nicht völlig ausschließen lässt, hat die BASF Schwarzheide GmbH für sich und die auf ihrem Gelände befindlichen Ansiedlungs- und Servicefirmen entsprechende Vorkehrungen getroffen. Es existieren Alarmpläne für jede einzelne Anlage und ein Gefahrenabwehrplan für das gesamte Werk. Darin fixiert sind organisatorische und technische Maßnahmen, die im Notfall zu treffen sind.

Alle Mitarbeiter des Standortes sind zum Verhalten im Alarmfall unterwiesen. Anwohner finden Informationen zum richtigen Verhalten jederzeit im Internet. Darüber hinaus informiert die BASF Schwarzheide GmbH in regelmäßigen Abständen mit einer an alle Haushalte kostenlos verteilten Broschüre, wie sich Anwohner richtig verhalten, falls auf dem Werksgelände ein Störfall eintreten sollte."

Quelle: BASF Schwarzheide GmbH (2014): Umwelterklärung 2014, S. 20.
BASF Schwarzheide GmbH, 01986 Schwarzheide

10.3 Fortlaufende Verbesserung

Was steht in der Norm?

Die Organisation muss die Eignung, Angemessenheit und Wirksamkeit ihres Umweltmanagementsystems fortlaufend optimieren, um die Umweltleistung zu verbessern.

Was ist von Ihrer Organisation zu tun?

Über Ihr Umweltprogramm und die darin festgelegten Ziele soll eine kontinuierliche Verbesserung gewährleistet werden. Allerdings muss zu vorgegebenen Zeiten geprüft werden, ob und inwieweit Ihre Umweltleistungen erreicht wurden. Wenn nicht, ist Ihr Umweltmanagement mit Blick auf die veränderten Bedingungen anzupassen.

Wie lässt sich die DIN EN ISO 14001:2015 in der Praxis umsetzen?

Praxisbeispiel: Fortlaufende Verbesserung

„Fortlaufend werden am Standort vielfältige Anstrengungen zur kontinuierlichen Verbesserung des betrieblichen Umweltschutzes unternommen. Der Einbeziehung und Information unserer Mitarbeiter kommt dabei eine wesentliche Rolle zu.

Die ständige Weiterentwicklung der Produkte, der Einsatzmaterialien und der eingesetzten Verfahrenstechniken halten einen kontinuierlichen Verbesserungsprozess aufrecht. Bereits frühzeitig haben wir spezifische Anlagen hinsichtlich Energie- und Materialverbrauch oder Ausschussquoten analysiert und verglichen. Durch den Einsatz der Anlage zur Direktbesohlung des Fußballschuhs „Copa Mundial" und durch notwendige Anpassungen konnte der Rohmaterialeinsatz der Sohle bei verbesserter Qualität um 10 % gesenkt werden. Gleichzeitig ist der unvermeidbare Anteil an Produktionsabfällen in diesem Prozessschritt deutlich gesunken.

Durch Veränderungen an einzelnen Schuhkomponenten und Bearbeitungsschritten konnten wir beispielsweise die Effizienz unserer Engpassanlage, der Besohlung, deutlich steigern. Nicht immer sind große Verbesserungen möglich, in der Summe der kleinen und großen Veränderungen im Bereich Anlagentechnik wird die Produktion jedoch zunehmend material- und energieeffizienter."

Quelle: adidas Group (2013): Umwelterklärung 2013 des Global Technology Centre Scheinfeld, S. 16.
adidas AG, Global Technology Centre, Adi-Dassler-Straße 24–26, 91443 Scheinfeld